BEI GRIN MACHT SICH IHR WISSEN BEZAHLT

AF152051

- Wir veröffentlichen Ihre Hausarbeit,
  Bachelor- und Masterarbeit

- Ihr eigenes eBook und Buch -
  weltweit in allen wichtigen Shops

- Verdienen Sie an jedem Verkauf

Jetzt bei www.GRIN.com hochladen
und kostenlos publizieren

Uwe Sliwczuk

Deskriptive (beschreibende) Statistik im öffentlichen Dienst

Grundkurs mit vielen Beispielen und Übungen

GRIN Verlag

Bibliografische Information der Deutschen Nationalbibliothek:

Die Deutsche Bibliothek verzeichnet diese Publikation in der Deutschen National-
bibliografie; detaillierte bibliografische Daten sind im Internet über http://dnb.d-
nb.de/ abrufbar.

Impressum:

Copyright © 2014 GRIN Verlag GmbH
Druck und Bindung: Books on Demand GmbH, Norderstedt Germany
ISBN: 978-3-656-61312-1

Dieses Buch bei GRIN:

http://www.grin.com/de/e-book/270088/deskriptive-beschreibende-statistik-im-
oeffentlichen-dienst

Deskriptive (beschreibende) Statistik im öffentlichen Dienst

Grundkurs mit vielen Beispielen und Übungen

Von Dr. Uwe Sliwczuk

Ich danke meiner Frau und meinen Kindern, dass sie mir Zeit gegeben haben, dieses Buch zu vollenden.

Ganz besonders bedanke ich mich bei Herrn Dieter Daniel, der trotz schwerer Erkrankung dieses Skript Korrektur gelesen hat.

Vorwort

Warum darf man aus Schulnoten keinen Mittelwert bilden? Weil man Schulnoten nicht addieren darf! Fehler wie diese (und weit schlimmere) passieren dauernd, auch im öffentlichen Dienst. Überall werden statistische Grundkenntnisse benötigt. Meistens aus Unwissenheit, häufig aber auch bewusst, werden Daten falsch aufbereitet, missverständlich dargestellt und falsch interpretiert. Ob es sich um die Wettervorhersage handelt, um Vorschläge zum Aktienerwerb oder –verkauf oder einfach nur darum, wer den „Goldenen Engel des ADAC" verdient hat, überall werden wir getäuscht, manipuliert und hinters Licht geführt. „Traue keiner Statistik, die du nicht selber gefälscht hast". Dieser Spruch hat eine traurige Relevanz zum Alltag. Dabei kann „Statistik" durchaus etwas Positives sein, vergleichbar einem guten Küchenmesser, das zum Schneiden von Gemüse und Obst verwendet werden sollte, aber natürlich auch zweckentfremdet werden kann. Mittels statistischer Methoden können wir aus einer unübersehbaren Datenflut, gut vor- und aufbereitet, Informationen herausfiltern, Kennzahlen definieren und Grafiken erstellen, die uns auf einen Blick relevante Informationen vermitteln. Ich finde es beeindruckend, dass aus Milliarden Datensätzen, wie sie bei Facebook, Google oder der NSA (um nur einige zu nennen) vorliegen, blitzschnell aussagefähige Zahlen über den „User" gewonnen werden. Deskriptive Statistik hat das Potential, jedem verständlich zu machen, wie das geht.

Dieses Buch richtet sich an alle Menschen und ist für alle Menschen geeignet, die mindestens die vier Grundrechenarten beherrschen. Sollten, wie an wenigen Stellen gefordert, tatsächlich mal mehr Kenntnisse für das

Verständnis (nicht für die Anwendung!) des Stoffes benötigt werden, kann diese Stelle getrost übersprungen werden.

Das Angebot statistischer Literatur ist ungeheuer groß. Das ist einerseits gut, denn aus der Vielfalt kann sich jeder ein Werk wählen, das ihm besonders gut liegt. Andererseits kommen gerade bei Übersetzungen von Fachbegriffen häufig Ungenauigkeiten vor. In der DIN wird verbindlich festgelegt, was unter dem jeweiligen Begriff zu verstehen ist. Zugehörig zum Kontext habe ich die entsprechenden Erläuterungen nach DIN in den Text eingepflegt. Bei einem ersten Lesen können diese Stellen übersprungen werden.

Als ich im Jahre 2005 gefragt wurde, ob ich eine Vorlesung „Deskriptive Statistik" spontan halten könnte, weil der bis dato Lehrende erkrankt sei, fühlte ich mich sehr geehrt, aber auch ziemlich gefordert. Zwar bin ich von „Haus aus" Physiker, und damit durchaus mathematik-phob, eine eigenständige Vorlesung in Mathe hatte ich aber noch nicht gehalten. Hilfreich war, dass mir das rudimentäre Skript des bislang Lehrenden sowie einige Übungsaufgaben zur Verfügung standen. Die ersten beiden Unterrichtstage waren in „trockenen Tüchern". Danach war mir klar, dass ich ein eigenes Skript verfassen musste.

Das vorliegende Buch entspricht diesem Skript, das ich seither, natürlich jedes Jahr den veränderten Anforderungen neu angepasst, für meine Vorlesung an der „Hessischen Hochschule für Polizei und Verwaltung", kurz HfPV, verwende.

Kassel, 25.02.2014

Uwe Sliwczuk

Inhalt

1. Wozu Statistik?

Kenntnisse aus dem Bereich der Statistik können sowohl für private als auch für berufliche Zwecke nützlich sein.

- Im *privaten* Bereich werden Kenntnisse der Statistik häufig für das wirtschaftliche Handeln genutzt, zum Beispiel bei der Vermögensbildung.

- Im *beruflichen* Bereich können statistische Erhebungen und Analysen für Planungs- und Entscheidungsprozesse genutzt werden, zum Beispiel ebenfalls im Rahmen des wirtschaftlichen Handelns oder der Arbeitsorganisation.

- Ein weiterer bekannter Anwendungsbereich ist die politische Meinungsbildung.

Sie sollen:

- Zweck und Notwendigkeit der Statistik für den Planungs-, Entscheidungs- und Steuerungsprozess erläutern und begründen,

- die Methoden der Datenerhebung und statistischen Datenanalyse kennen, anwenden und bewerten und

- statistische Untersuchungen computergestützt auswerten können.

Sie sollen ferner:

- Probleme selbstständig lösen und eigenverantwortlich ausführen,

- Arbeitsschritte strukturieren, vorausschauend und zielgerichtet planen und ausführen,

- in kleinen Gruppen arbeiten und entscheiden,

- auf Vorschläge aufbauen, zuhören, Konflikte ansprechen können.

Einfache statistische Verfahren, insbesondere zur beschreibenden Statistik, kann sich jeder problemlos aneignen. Bei komplizierteren Verfahren ist mindestens ein grober Überblick erforderlich, um die Leistungsfähigkeit und die Leistungsgrenzen der Verfahren beurteilen zu können.

Professionelle Erhebungen werden maschinell ausgewertet. Hierfür stehen leistungsfähige Programme zur Verfügung, zum Beispiel SPSS (Statistical Package for the Social Sciences). Für einfache Auswertungen enthält die Büro-Standardsoftware, zum Beispiel MS Excel, viele Funktionen.

Begriffe und Verfahren der Statistik sind zu einem großen Teil genormt. Um unnötige Missverständnisse zu vermeiden, ist es zweckmäßig, die Normen zu beachten. In den nachstehenden Erläuterungen sind gängige Normen angegeben, aus Gründen der Verständlichkeit allerdings nicht immer wörtlich, sondern bisweilen sinngemäß oder vereinfacht.

Wichtiger Hinweis: In Übungsaufgaben wird – abweichend von der Praxis – aus Gründen der Übersichtlichkeit meistens von einer sehr geringen Fallzahl ausgegangen. Eventuell daraus resultierende Probleme bezüglich der Anwendbarkeit bestimmter Verfahren werden vernachlässigt.

2. Statistik und empirische Untersuchung

Statistische Auswertungen stehen in der öffentlichen Verwaltung häufig im Zusammenhang mit empirischen Untersuchungen, die entweder selbst vorgenommen werden oder bereits vorliegen. Häufig handelt es sich dabei um kleinere Erhebungen auf örtlicher oder regionaler Ebene. Über die möglichen statistischen Auswertungen wird meistens schon in der Planungsphase entschieden: bewusst oder unbewusst.

Planung einer empirischen Untersuchung

Eine empirische Untersuchung beginnt mit der Auswahl und der Formulierung des zu untersuchenden Problems. Die Formulierung muss eindeutig sein und das Ziel des Vorhabens präzise beschreiben. Sie darf nicht unvollständig, mehrdeutig oder inkonsistent sein. Neben der klaren Formulierung des Problems und den sich daraus ergebenden Fragen ist eine Begründung für die Auswahl genau dieses Problems erforderlich. Möglich sind zum Beispiel technische, ökonomische, juristische oder sozialwissenschaftliche Begründungen, die sich inhaltlich auf eine Verbesserung der Produkte oder der Verfahren in der Berufspraxis beziehen. Es erscheint wenig sinnvoll, sich Problemen zuzuwenden, deren Bedeutung erkennbar gering ist oder die mit den gegebenen Möglichkeiten nicht lösbar sind.

Mit der Bedeutung des zu bearbeitenden Problems unmittelbar verbunden ist die Notwendigkeit zur Ermittlung des vorhandenen Wissens, das als Basis für die Bearbeitung der Aufgabe benutzt werden kann. Hierzu ist eine systematische Auswertung der aktuellen Fachliteratur sowie der einschlägigen Normen und Vorschriften erforderlich. Eine derartige Auswertung ermöglicht auch die erforderliche Einordnung des Problems in die fachlichen Zusammenhänge.

Falls mit der Untersuchung bestimmte Vermutungen (Hypothesen) geprüft werden sollen, sind in diesem Stadium der Bearbeitung die Hypothesen zu formulieren und zu begründen.

Auf der Grundlage dieses Begründungszusammenhanges lässt sich die beabsichtigte empirische Untersuchung entwerfen. Es muss eindeutig geklärt werden, wie der Untersuchungsbereich abgegrenzt wird und welche Subjekte und Objekte in die Untersuchung einbezogen werden. Die gewählte Methode (zum Beispiel Befragung, Beobachtung, Experiment) muss begründet werden. Insbesondere ist zu erläutern, warum genau diese Methode dem Problem angemessen ist. Sofern eine Stichprobe gezogen werden soll, muss genau angegeben werden, aus welcher Grundgesamtheit diese gezogen wird und nach welchem Verfahren die Auswahl erfolgt.

Nur bei Kenntnis des genauen Auswahlverfahrens ist es möglich, Aussagen über eine eventuelle Übertragbarkeit der gewonnenen Ergebnisse zu treffen (einschließlich Fehlerquellen). Die messtechnische Erfassung (Operationalisierung) aller Variablen (Merkmale von Einheiten) sowie der Kategorien (zur Aufnahme der Merkmalswerte), die zu den einzelnen Variablen eingerichtet werden, sind darzustellen und zu begründen.

Die nachfolgend immer wieder präsentierten DIN-Einträge sollten dazu verwendet werden, gleich die korrekte Bezeichnung zu erlernen.

DIN

Einheit	Materieller oder immaterieller Gegenstand der Betrachtung *DIN 55 350 Teil 11*
Grundgesamtheit	Gesamtheit der in Betracht gezogenen Einheiten *DIN 55 350 Teil 14*
Stichprobe	Eine oder mehrere Einheiten, die aus der Grundgesamtheit oder aus Teil- gesamtheiten entnommen werden. *DIN 55 350 Teil 14*
Stichprobenumfang	Anzahl der Auswahleinheiten in der Stichprobe DIN 55 350 Teil 14
Auswahlsatz	Stichprobenumfang dividiert durch den Umfang der Grundgesamtheit oder Teilgesamtheit, aus der die Stichprobe entnommen ist. DIN 55 350 Teil 14
Zufallsstichprobe	Ergebnis einer Zufallsprobenahme, bei der jeder Kombination von n Aus- wahleinheiten die gleiche Auswahlwahrscheinlichkeit zugeordnet ist. DIN 55 350 Teil 14
Systematische Probenahme	Probenahme, bei der systematisch festgelegt ist, welche Auswahleinheiten in die Stichprobe gelangen, z.B. bei nummerierten Einheiten nach bestimmten Schlussziffern, bei Namen nach bestimmten Anfangsbuchstaben. DIN 55 350 Teil 14
Klumpen- probenahme	Probenahme, bei der die Auswahleinheiten jeweils aus mehreren zusammen- hängenden Einheiten bestehen, z.B. Packungseinheit, Personen in einem Haushalt, Wahlberechtigte in einem Wahlbezirk DIN 55 350 Teil 14
Geschichtete Pro- benahme	Probenahme, zu deren Zweck aus der Grundgesamtheit Teilgesamtheiten („Schichten") gebildet werden, aus denen die Auswahleinheiten mit festgeleg- ten Auswahlsätzen entnommen werden. DIN 55 350 Teil 14
Merkmal	Eigenschaft zum Erkennen oder zum Unterscheiden von Einheiten *DIN 55 350 Teil 12*
Merkmalswert	Der Erscheinungsform des Merkmals zugeordneter Wert *DIN 55 350 Teil 12*
Wertebereich eines Merkmals	Menge aller Merkmalswerte, die das betrachtete Merkmal annehmen kann *DIN 55 350 Teil 12*

Der Ablauf der Untersuchung muss ebenfalls dokumentiert werden, da sich aus der Untersuchungsdurchführung wiederum Fehlerquellen für die Interpretation der Ergebnisse ergeben können (zum Beispiel unbeabsichtigte Beeinflussungen).

Insgesamt muss eine professionelle Untersuchung den Gütekriterien der Objektivität, Validität und Reliabilität so weit wie möglich entsprechen.

Objektivität bedeutet, dass verschiedene Personen bei der Anwendung des gleichen Verfahrens zu demselben Ergebnis kommen (Beispiel: Bewertung einer Prüfungsaufgabe)

Validität bedeutet, dass das Verfahren tatsächlich den vorgesehenen Zweck erfüllt (Beispiel: Das Ergebnis einer Klausurarbeit gibt tatsächlich ein zutreffendes Bild von der Leistungsfähigkeit eines Klausurteilnehmers in dem jeweiligen Themengebiet).

Reliabilität bedeutet, dass die wiederholte Anwendung des gleichen Verfahrens auf den gleichen Gegenstand zu identischen Ergebnissen führt (Beispiel: die wiederholte Bewertung des gleichen Prüfungsteiles führt immer zu demselben Ergebnis).

Die Auswertung der Daten beginnt mit der Feststellung der Nennungen (Häufigkeiten) aller Kategorien der Variablen (Grundauszählung).

Absolute Häufigkeit	Anzahl der Beobachtungswerte, die gleich einem vorgegebenem Wert sind oder zu einer Menge von vorgegebenen Werten (z.B. Klasse) gehören (bei Klassierung auch: Besetzungszahl). DIN 55 350 Teil 23
Absolute Häufigkeitssumme	Anzahl der Beobachtungswerte, die einen vorgegebenen Wert nicht überschreiten (auch: kumulierte absolute Häufigkeit; bei Klassengrenze auch: summierte Besetzungszahl). DIN 55 350 Teil 23
Relative Häufigkeit	Absolute Häufigkeit dividiert durch die Gesamtzahl der Beobachtungswerte. DIN 55 350 Teil 23
Relative Häufigkeitssumme	Absolute Häufigkeitssumme dividiert durch die Gesamtzahl der Beobachtungswerte (auch: kumulierte relative Häufigkeit). DIN 55 350 Teil 23
Häufigkeitsdichte	Absolute oder relative Häufigkeit dividiert durch die Klassenbreite DIN 55 350 Teil 23
Häufigkeitsdichtefunktion	Funktion, die jedem Merkmalswert die Häufigkeitsdichte der Klasse zuordnet, zu der er gehört. DIN 55 350 Teil 23
Empirische Verteilungsfunktion	Funktion, die jedem Merkmalswert die relative Häufigkeit von Beobachtungswerten zuordnet, die kleiner oder gleich diesem Merkmalswert (relative Häufigkeitssumme) sind. DIN 55 350 Teil 23
Häufigkeitsverteilung	Allgemeine Bezeichnung für den Zusammenhang zwischen den Beobachtungswerten und den absoluten oder relativen Häufigkeiten bzw. Häufigkeitssummen ihres Auftretens. Einfaches Auftreten der Merkmale: eindimensional oder univariat Zweifaches Auftreten der Merkmale: zweidimensional oder bivariat > 2-faches Auftreten der Merkmale: mehrdimensional oder multivariat

Das Ergebnis dieser Grundauszählung wird zweckmäßigerweise in ein Exemplar des Erhebungsinstruments, zum Beispiel eines Fragebogens, eingetragen und als Anlage dem Bericht beigefügt. Für die Berechnung von Mittelwerten und Streuungsmaßen, für das Aufzeigen von Zusammenhängen zwischen mehreren Variablen (Kreuztabellen) sowie für die evtl. Berechnung von Maßzahlen über die Stärke des Zusammenhanges (Kontingenzkoeffizienten, Korrelationskoeffizienten) sind unbedingt das jeweilige Skalenniveau sowie die sonstigen Voraussetzungen, zum Beispiel Verteilung und Besetzungszahlen, zu beachten. Soweit zwei- oder mehrdimensionale Analysen vorgenommen werden, sind diese inhaltlich zu begründen. Es ist wenig sinnvoll, Analysen nur deswegen durchzuführen, weil das benutzte Rechenprogramm sie erlaubt. Dies führt zwar in der Regel zu einer beachtlichen Menge an Kennzahlen, Tabellen und Grafiken, jedoch ist der inhaltliche Ertrag zumeist gering.

Ausgehend von dieser Zielsetzung bietet sich in den meisten Fällen ein schriftlicher Bericht an. Dazu aber später.

Aufgabe: Wie beurteilen Sie das folgende Vorhaben?

- Der für Germanistik zuständige StOR G. einer Schule in der zentral in Deutschland gelegenen Großstadt K. möchte die kulturelle Aufgeschlossenheit der Deutschen einwandfrei ermitteln. Zu diesem Zweck hat er kurz vor der Tagesschau einen Fragebogen entworfen (je 3 geschlossene und 3 offene Fragen). Der Fragebogen soll am folgenden Tag von seinen Schülern kopiert und zu Interviewzwecken genutzt werden. 20 Schüler sollen in der Innenstadt von K. ab 10 Uhr je 20 Passanten befragen. Für den Nachmittag ist die Auswertung vorgesehen. Jeder Interviewer soll seine Ergebnisse in schriftlicher Form kurz darstellen. Am folgenden Tag soll daraus unter Leitung des Klassensprechers in der Funktion des Projektleiters ein Abschlussbericht erstellt werden.

3. Merkmalsart und Skalentyp

Skala	Zweckmäßig geordneter Wertebereich eines Merkmals. *DIN 55 350 Teil 12*
Quantitatives Merkmal	Merkmal, dessen Werte einer Skala zugeordnet sind, auf der Abstände definiert sind („Metrische Skala", „Kardinalskala"). Auf dieser Skala sind entweder nur Abstände definiert („Intervallskala") oder zusätzlich auch Verhältnisse („Verhältnisskala"). DIN 55 350 Teil 12
Qualitatives Merkmal	Merkmal, dessen Werte einer Skala zugeordnet sind, auf der keine Abstände definiert sind („Topologische Skala"). DIN 55 350 Teil 12
Ordinalmerkmal	Qualitatives Merkmal, für dessen Werte eine Ordnungsbeziehung besteht („Ordinalskala"). DIN 55 350 Teil 12
Nominalmerkmal	Qualitatives Merkmal, für dessen Werte keine Ordnungsbeziehung besteht („Nominalskala"). DIN 55 350 Teil 12

Die nachfolgende Tabelle fasst sehr kompakt die wesentlichen Aussagen der in der DIN getroffenen Festlegungen zusammen:

Tabelle: Merkmalsarten

Merk-malsart	Qualitative Merkmale		Quantitative Merkmale	
	Nominal-merkmal	Ordinalmerkmal		
Skalentyp	Topologische Skalen		Metrische (Kardinal) Skalen	
	Nominalskala	Ordinalskala	Intervallskala	Verhältnisskala
Definierte Beziehungen	=	≠	=	≠	=	≠	=	≠
			<	>	<	>	<	>
					+	-	+	-
							●	:
Beispiele	Beruf; Haarfarbe; Geschlecht; Automarke	Noten; Gesundheitszustand; Bildungsabschluss	Temperatur Kalenderdatum	Körpergröße; Alter; Vermögen; Fläche

Aufgaben:

- Erläutern Sie am Beispiel der Ziehung der Lottozahlen die Bezeichnungen „Grundgesamtheit" und „Stichprobe"!

- Eine Person ist 25 Jahre alt. Erläutern Sie an diesem Beispiel die Bezeichnungen „Einheit", „Merkmal" und „Merkmalswert".

- Erläutern Sie anhand der Beispiele Farbe, Körpergröße, dienstliche Beurteilung die Bezeichnungen „Quantitatives Merkmal", „Qualitatives Merkmal", „Nominalskala", „Ordinalskala", „Intervallskala", „Verhältnisskala".

- Warum wird für die meisten Untersuchungen eine Stichprobe aus der Grundgesamtheit gezogen?

- Was versteht man unter einer „Zufallsstichprobe"?

- Eine Behörde hat 2000 Mitarbeiter. Sie möchten eine Befragung zur Arbeitssituation und zur Arbeitszufriedenheit durchführen. Möglich ist entweder eine Totalerhebung oder eine Stichproben-Untersuchung. Vergleichen Sie beide Möglichkeiten und treffen Sie eine begründete Entscheidung.

4. Arithmetischer Mittelwert

Der bekannteste und einfachste Durchschnitt ist das arithmetische Mittel. Darunter versteht man die Summe der Werte, deren Mittelwert wir suchen, geteilt durch die Anzahl dieser Werte.

Ein typisches Beispiel ist die mittlere Tagestemperatur, gemessen an einem lauen Frühlingstag in Kassel:

Beispiel: $\frac{1}{6}$ * (10 °C+ 13 °C + 16 °C + 13 °C +13 °C +10 °C) = 12,5 °C

Das arithmetische Mittel ist die Summe der Merkmalswerte geteilt durch die Anzahl der Merkmalswerte. Es balanciert die Merkmalswerte gerade aus. Darum wird der Mittelwert auch als „Kennwert der Lage" bezeichnet.

Kennwert	Wert der Kenngröße. *DIN 55 350 Teil 23*
Kenngröße	Funktion der Beobachtungswerte, die eine Eigenschaft der Häufigkeitsverteilung charakterisiert. Insbesondere gibt es Kenngrößen der Lage, der Streuung und der Form von eindimensionalen Häufigkeitsverteilungen und des Zusammenhangs zwischen den Merkmalen mehrdimensionaler Häufigkeitsverteilungen. *DIN 55 350 Teil 23*

In Verallgemeinerung des Beispiels folgt die mathematische Darstellung (Formel) für den arithmetischen Mittelwert:

$$\frac{1}{n}\sum_{i=1}^{n} x_i = \bar{x} \tag{1}$$

Durch Vergleich mit dem obigen Beispiel ergibt sich unmittelbar:

- $\frac{1}{n}$ entspricht dem Faktor $\frac{1}{6}$, wobei n = 6 die Anzahl der Merkmalswerte beziffert.

18

- $\sum\limits_{i=1}^{n=6} x_i$ entspricht dem Klammerausdruck:

(10°C+ 13°C + 16°C + 13°C +13°C +10°C),

Das Summenzeichen $\sum$ (ausgesprochen: „Sigma") symbolisiert die mathematische Anweisung, alle Zahlen hinter dem Summenzeichen zu addieren.

- $\bar{x}$ (ausgesprochen: x-quer) ist der arithmetische Mittelwert, in diesem Beispiel = 12,5.

Der Mittelwert dient zur Analyse großer Datenmengen und ist das wichtigste, nicht das einzige, Werkzeug, das uns hilft, die Übersicht nicht zu verlieren. Beispiele für den täglichen Einsatz dieses Werkzeuges begegnen uns überall: ob im durchschnittlichen Einkommen, bei Aktienkursen und Klimatabellen, von Krankenständen bis hin zur durchschnittlichen Frequenz des Sexualverkehrs. Für viele praktische Probleme reicht dieses gewöhnliche arithmetische Mittel völlig aus.

Vorteil ist, dass die Einzelwerte im Prinzip gar nicht gebraucht werden. Die Kenntnis der Summe und Anzahl der Werte reicht. Ein unschätzbarer Vorteil insbesondere dann, wenn man die Einzelwerte gar nicht kennt (durchschnittliches Gehalt eines Mitarbeiters der Fa. XY).

Arithmetischer Mittelwert	Summe der Beobachtungswerte dividiert durch Anzahl der Beobachtungswerte (wenn kein Missverständnis möglich ist, Kurzbezeichnung: Mittelwert). *DIN 55350 Teil 23*: $$\bar{x} = \frac{1}{n}\sum_{i=1}^{n} x_i$$

Die wichtigste Alternative zum gewöhnlichen arithmetische Mittel stellt das „gewogene" oder „**gewichtete" arithmetische Mittel** dar.

Betrachten wir wieder unser **Beispiel:**

$$\frac{1}{6} \ (10 \ °C + 13 \ °C + 16 \ °C + 13 \ °C + 13 \ °C + 10 \ °C) = 12{,}5 \ °C$$

Die gemessenen Temperaturwerte können auch wie folgt dargestellt werden:

Temperatur	10 °C	13 °C	16 °C
Häufigkeit	2	3	1

Daraus folgt eine mittlere Temperatur von:

$$\overline{x}_g = \frac{1}{2+3+1} \ (2 \mathrm{x} 10 \ °C + 3 \mathrm{x} 13 \ °C + 1 \mathrm{x} 16 \ °C) = 12{,}5 \ °C$$

Oder allgemein:

$$\overline{x}_g = \frac{\sum\limits_{i=1}^{m} h(x_i) * x_i}{\sum\limits_{i=1}^{m} h(x_i)} \tag{2}$$

Hierbei wird mit $h(x_i)$ die „**absolute Häufigkeit**" <u>eines</u> Merkmalswertes bezeichnet, **m** gibt an, wie viele Häufigkeiten bzw. Produkte aus Häufigkeit und Merkmalswert beteiligt sind.

Gewichteter Mittelwert	Summe der Produkte aus Beobachtungswerten x_i und ihrem Gewicht $h(x_i)$ dividiert durch die Summe der Gewichte, wobei das Gewicht eine jeweils dem Beobachtungswert zugeordnete nicht negative Zahl ist.

$$\bar{x} = \frac{\sum_{i=1}^{m} h(x_i) * x_i}{\sum_{i=1}^{m} h(x_i)} \qquad\qquad DIN\ 55\ 350\ Teil\ 23$$

Häufig wird anstelle der „absoluten Häufigkeit" auch die „**relative Häufigkeit**" $f(x_i)$ verwendet:

$$f(x_i) = \frac{h(x_i)}{n} \qquad\qquad (3)$$

Der Vorteil besteht darin, dass nicht mehr durch die zweite Summe aus Formel (2) geteilt werden muss und die Formel etwas einfacher aussieht:

$$\bar{x}_g = \sum_{i=1}^{m} f(x_i) * x_i \qquad\qquad (4)$$

Zu beachten ist, dass die Summe aller $f(x_i)$ genau 1 ergeben muss.

Das „gewogene" Mittel wird immer dann vorteilhaft verwendet, wenn die einzelnen Merkmalswerte unterschiedlich stark „ins Gewicht fallen".

Beispiel:

- Berechnung der mittleren Teuerungskosten für einen PKW. Annahme: die Kosten für Motoröl steigen um 10 %, der von Benzin um 50 %. Der arithmetisch mittlere Anstieg der Kosten um 30 % würde hier ein falsches Bild der Kostenzunahme geben, da in der Regel mehr Benzin als Öl verbraucht wird und daher die Erhöhung der Benzinkosten stärker ins Gewicht fällt. Bei einem Ausgabenanteil von 8/10 für Benzin und 2/10 für Öl bietet sich statt dessen an, das gewogene Mittel zu berechnen:

$$\overline{x}_g = 8/10 * 50\% + 2/10 * 10\% = 42\%$$

Durch die „Betonung" der Benzinkosten kommt die „mittlere" Teuerung der Wahrheit weit näher.

Auch wenn der Mittelwert gut geeignet ist, eine Reihe von Merkmalswerten zu charakterisieren, *reicht die alleinige Kenntnis des Mittelwertes in der Regel nicht aus.* Zum Beispiel wird im Mittelwert keine Aussage darüber getroffen, ob es morgens vielleicht extrem kalt, dafür tagsüber viel zu heiß gewesen ist, um sich wohlzufühlen.

Beispiel:
Über Tag gemessene Temperaturen *in Grad Celsius*, jeweils im Ein-Stunden-Abstand, von 8.00 – 20.00 Uhr, am Montag, d. 6. Oktober:
1, 2, 5, 10, 30, 50, 70, 50, 30, 10, 5, 1, 1 (Reihe: Dubai);
$$\overline{x} = 20,38\ °C$$
15, 17, 17, 19, 20, 20, 21, 22, 23, 22, 23, 23, 23 (Reihe: Kassel);
$$\overline{x} = 20,38\ °C$$

Obwohl die mittleren Temperaturen in Dubai und in Kassel jeweils 20,38 °C betrugen, unterschlägt uns der arithmetische Mittelwert, dass der Aufenthalt in Kassel, bezogen auf die Temperatur, für Menschen deutlich angenehmer ist.

Fazit: Wir benötigen weitere Kennwerte, um eine Reihe eindeutig zu charakterisieren. Betrachten wir zum Beispiel die *Streuung*.

5. Kennwerte der Streuung

Der einfachste *Kennwert der Streuung* ist die *Spannweite w*. Die Spannweite *w* eines Merkmals X ist definiert als Differenz zwischen größtem und kleinstem Merkmalswertes.

Spannweite	Größter minus kleinster Beobachtungswert.
	DIN 55 350 Teil 23

Oder auch:

$$w_X = X_{max} - X_{min} \tag{5}$$

Im Falle der Reihe „Dubai" ergibt sich der Wert:

$$w_X = 70\ °C - 1\ °C = 69\ °C$$

Im Falle „Kassel" ergibt sich der Wert:

$$w_X = 23\ °C - 15\ °C = 8\ °C$$

Der Unterschied ist groß. Obwohl die Mittelwerte identisch sind, erkennt man anhand der Spannweiten sofort, *ohne Einzelwerte zu kennen*, dass in „Dubai" extremere Temperaturunterschiede gemessen wurden als in „Kassel".

Allerdings reicht auch die Spannweite zur eindeutigen Charakterisierung häufig nicht aus.

Beispiel: Addiere zur Reihe „Dubai" zu jedem Merkmalswert einen systematischen Fehler von 5°C. Es ergibt sich eine *neue* Reihe, die jedoch die gleiche Spannweite aufweist:

$$w_{X\,(1')} = 75\ °C - 6\ °C = 69\ °C$$

Auch wenn jeder Wert doppelt gemessen würde, änderte sich nichts an dem arithmetischen Mittelwert oder der Spannweite, obwohl die Reihen unterschiedlich sind:

$$(1, 1, 2, 2, 5, 5, 10, 10, 30, 30, 50, 50, 70, 70, 50, 50, 30, 30, 10, 10, 5, 5, 1,$$
$$1, 1, 1)°C$$

$\bar{x}_g = (20{,}38°C)$; $w_{X\,(1''')} = 70°C - 1°C = 69°C$

Das weitaus bekannteste *Maß für die Streuung* ist die **Standardabweichung „s"** bzw. die eng damit verbundene *Varianz „s^2"*

Die Varianz drückt den mittleren Abstand von dem arithmetischen Mittel aus oder, um wie viel die Merkmalswerte um einen geeigneten mittleren Wert variieren.

Da die Differenz zwischen Merkmalswert und zugehörigem Mittelwert sowohl positiv wie negativ sein kann, daher eine Aufsummierung aller Differenzen gleich Null sein kann, obwohl in der Regel Differenzen ungleich Null vorkommen, werden die Differenzen jeweils quadriert. Damit wird sichergestellt, dass alle Summanden positiv sind und sich nicht zu Null addieren können:

$$s^2 = \frac{1}{n} \sum_{i=1}^{n} (x_i - \bar{x})^2 \tag{6}$$

Varianz	Summe der quadrierten Abweichungen der Beobachtungswerte von ihrem arithmetischen Mittelwert dividiert durch die um 1 verminderte Anzahl der Beobachtungswerte.
	$s^2 = \dfrac{1}{n-1} \sum_{i=1}^{n} (x_i - \bar{x})^2$ *DIN 55 350 Teil 23*

Beispiel:

Wir betrachten wieder Reihe: Dubai:

$$(1, 2, 5, 10, 30, 50, 70, 50, 30, 10, 5, 1, 1)°C$$

Der arithmetische Mittelwert beträgt 20,38°C. Die Varianz beträgt:

$$s^2 = \frac{1}{13}\left((1\text{-}20{,}38)^2 + (2\text{-}20{,}38)^2 + (5\text{-}20{,}38)^2 + (10\text{-}20{,}38)^2 + ... + (1\text{-}20{,}38)^2\right)$$

$$s^2 = 504{,}24$$

Entsprechend gilt für Reihe: Kassel:

$$(15, 17, 17, 19, 20, 20, 21, 22, 23, 22, 23, 23, 23)°C$$

Der arithmetische Mittelwert beträgt 20,38°C. Aber:

$$s^2 = \frac{1}{13}\left((15\text{-}20{,}38)^2 + (17\text{-}20{,}38)^2 + (17\text{-}20{,}38)^2 + ... + (23\text{-}20{,}38)^2\right)$$

$$s^2 = 6{,}70$$

Alle Varianzen bleiben bei Addition einer Konstanten zu den Ausgangsdaten gleich, was vernünftig ist, da wir statt der Celsius-Skala auch die absolute oder *Kelvin*-Skala hätten verwenden können. Deshalb sollten die Messwerte nicht ungenauer werden.

Leider ergibt sich, dass sich die Varianz bei der Multiplikation mit einer Konstanten nicht so ordentlich verhält.

Angenommen, wir hätten die Temperaturen in Grad Celsius gemessen und würden sie in Grad Fahrenheit umrechnen (mit dem Faktor 9/5 multiplizieren und 32 hinzuaddieren). Wie leicht nachzurechnen ist, sind die Varianzen unterschiedlich groß. Allerdings ist zu beobachten, dass sich die Varianzen der beiden Temperaturreihen genau um 2x den Faktor 9/5 unterscheiden, das heißt, um das Quadrat des Umrechnungsfaktors. Daher wird oftmals *statt der Varianz s²* die *Standardabweichung s* verwendet:

$$s = \sqrt{s^2} \tag{7}$$

Standard-abweichung	Positive Quadratwurzel aus der Varianz
	$s = \sqrt{s^2}$ *DIN 55 350 Teil 23*

Damit bleibt die Standardabweichung wie bei der Varianz bei Addition oder Subtraktion einer Konstanten unverändert. Bei Multiplikation oder Division mit einer positiven Konstanten a multipliziert sich auch die Standardabweichung mit dem gleichen Faktor a.

Eine große Hilfe bei der Charakterisierung stark unterschiedlicher Reihen ist, die Standardabweichung auf den zugehörigen Mittelwert zu beziehen. Wir erhalten eine Aussage über die „relative" Streuung um einen Mittelwert. Diese Kennzahl wird *Variationskoeffizient* genannt.

$$V = \frac{s}{|\bar{x}|} \tag{8}$$

Variations-koeffizient	Standardabweichung dividiert durch den Betrag des arithmetischen Mittelwerts. Der Variationskoeffizient wird häufig in Prozent angegeben.
	$V = \frac{s}{|\bar{x}|}$ *DIN 55 350 Teil 23*

Ein weiterer „relativer" Koeffizient ist der „Standardisierte Beobachtungswert.

Standardisierter Beobachtungswert	Zentrierter Beobachtungswert dividiert durch die Standardabweichung. *DIN 55 350 Teil 23*

Aufgaben:

- Wozu dienen Kenngrößen der Lage und der Streuung?
- Finden Sie ein Beispiel für einen „Standardisierten Beobachtungs-wert"

6. Klassenbildung

Häufig ist die Erfassung und Auszählung aller einzelnen Merkmalsausprägungen (Beobachtungswerte) nicht sinnvoll oder nicht möglich. Sei es, weil die Anzahl der Beobachtungswerte zu groß ist oder schlicht die Übersichtlichkeit bei Darstellung und Aufbereitung verloren geht.

In den Fällen, in denen nicht alle möglichen Beobachtungswerte einzeln erfasst werden, werden benachbarte Beobachtungswerte zu einer Klasse zusammengefasst. Die Zusammenfassung von Beobachtungswerten nennt man Klassierung.

Klassierung	Einordnen von Beobachtungswerten in die Klassen. *DIN 55 350 Teil 23* *Eine Klassierung ist für mehr als 30 Beobachtungswerte sinnvoll (DIN 53 804 Teil 1). Die Klassenbreite w wird in Abhängigkeit von der Zahl der Beobachtungswerte n und der Spannweite $w = x_{max} - x_{min}$ gewählt.*
Klassenbildung	Aufteilung des Wertebereichs eines Merkmals in Teilbereiche (Klassen), die einander ausschließen und den Wertebereich vollständig ausfüllen. *DIN 55 350 Teil 23*

Eine Klasse wird in der Regel durch zwei Grenzen bestimmt, die untere Klassengrenze x_{j-1}^* und die obere Klassengrenze x_j^*. Da alle Beobachtungswerte eindeutig einer Klasse zugerechnet werden müssen ist es üblich, jeweils eine Klassengrenze der betreffenden Klasse zuzurechnen, während die jeweils andere zur entsprechenden Nachbarklasse gehört.

Klassengrenze	Wert der oberen oder der unteren Grenze einer Klasse eines quantitativen Merkmals. Es ist festzulegen, welche der beiden Klassengrenzen als noch zu der Klasse gehörend anzusehen ist. *DIN 55 350 Teil 23*

Die Differenz zweier aufeinander folgender Klassengrenzen heißt Klassenbreite w_k. Für die Ermittlung der Klassenbreite gilt folgende „Faustformel":

$$w_k = \frac{x_{max} - x_{min}}{\sqrt{n}} \qquad \text{bzw.: } w_k = \frac{w}{\sqrt{n}} \tag{9}$$

Wobei n die Anzahl der Beobachtungswerte und $k = \sqrt{n}$ die Anzahl der Klassen angibt

Für k sind auch folgende Ausdrücke üblich:

$$k = 5 * \sqrt{n}$$

$$k = 1 + 3{,}3\log(n)$$

Klassenbreite	Obere Klassengrenze minus untere Klassengrenze. DIN 55 350 Teil 23 Für die Klassenbreite wird empfohlen: $30 < n < 400 \Rightarrow w = \dfrac{x_{max} - x_{min}}{\sqrt{n}}$, für $n > 400$: $\Rightarrow w = \dfrac{x_{max} - x_{min}}{20}$

Eine Klassierung wird ab $n \geq 30$ empfohlen. Für $n > 400$ wird der Wurzelausdruck durch eine feste Zahl ersetzt und es gilt:

$$w = \frac{x_{max} - x_{min}}{20} \tag{10}$$

Klassenbreiten sollten möglichst von gleicher Breite sein, obwohl es viele Beispiele gibt, in denen ungleiche Klassenbreiten sinnvoll sind, zum Beispiel bei Einkommensklassen oder allgemein, wenn viele Beobachtungswerte in einem kleinen Bereich der Merkmalsausprägungen liegen und ein geringer Rest in einem weiten Bereich. In dem kleinen Bereich vieler Werte wird man sehr fein klassieren, während man in dem übrigen Bereich breite Klassen wählen kann.

- **Aufgabe**: Es wurde eine Erhebung der Einkommen zwischen 0,00€ und 10.000,00€ in einer großen Behörde durchgeführt. Die grafische Darstellung der Einkommen soll übersichtlich dargestellt werden. Wählen Sie die Klassenbreite passend.

Jede Klasse hat eine Klassenmitte. Diese berechnet sich in der Regel aus dem arithmetischen Mittel der zwei Klassengrenzen $\dfrac{x_{j-1}^* + x_j^*}{2}$ und wird zur Auswertung von statistischem Datenmaterial verwendet, zum Beispiel zur Berechnung von Mittelwerten.

Klassenmitte	Arithmetischer Mittelwert der Klassengrenzen einer Klasse. *DIN 55 350 Teil 23*

Auch findet die Klassenmitte sinnvoll für die grafische Darstellung von Daten Verwendung (Kapitel: Grafische Darstellung von Daten).

Frage: Wie wird die Klassenmitte berechnet, wenn die obere Grenze ∞ ist?

Qualitative Merkmale

Die bisher entwickelten Methoden zur Charakterisierung von Zahlenreihen lassen sich vorteilhaft für alle **quantitativen** Merkmale verwenden, Merkmale, die (siehe Tabelle „Skalentypen") sich addieren lassen.

Nun gibt es viele Merkmale, zum Beispiel Geschlecht, Augenfarbe, Noten, Postleitzahlen etc., die sich nicht sinnvoll addieren lassen. Diese Merkmale bezeichnet man als **qualitativ**.

Die Folge ist, dass eine andere Art der Charakterisierung entwickelt werden muss, eine Charakterisierung, die berücksichtigt, dass Merkmale nur qualitativ miteinander verglichen werden können.

Betrachten wir die Tabelle „Merkmalsarten". In dieser Tabelle sind alle Merkmale bezüglich ihrer Merkmalsart, ihres Skalentyps und ihrer definierten Beziehungen übersichtlich gelistet. Die bislang verwendeten Beispiele verwenden ausnahmslos quantitative Merkmale: Geld und Temperatur. Beide gehören der metrischen Skala an. In der feineren Unterteilung sind sie jedoch zu trennen: Geld gehört der Verhältnisskala an, Temperatur der Intervallskala. Halbiert man die Summe Geldes, die man zur Verfügung hat, hat man nur noch die Hälfte, egal in welcher Währung gerechnet wird. Halbiert man eine gegebene Temperatur in der Celsius-Skala, gelangt man noch lange nicht zu der gleichen Temperatur, die man erhielte, wenn man die Temperatur in Fahrenheit ausdrücken und halbieren würde.

Beispiel: 0,00 \$ = 0,00 €/:2

0,00\$ = 0,00 €.

Das Ergebnis scheint trivial zu sein, aber versuchen wir die gleiche Rechnung doch mal mit Temperaturen:

$$0°\text{Celsius} = 32° \text{ Fahrenheit}/:2$$

$$0°\text{Celsius} = 16° \text{ Fahrenheit}.$$

Offensichtlich liegt hier ein Fehler vor. Da an der Mathematik nicht gezweifelt werden kann, kann es nur an den Skalentypen liegen. Sowohl die Celsiusskala auch auch die Fahrenheitskala sind relative Skalen und bezogen auf einen willkürlichen Nullpunkt. Damit gehören der Intervallskala an. Und dort sind Division (und Multiplikation) nicht „erlaubt".

Im Folgenden betrachten wir Merkmale etwas eingehender, die nicht einmal additiv, aber immerhin noch „vergleichbar" sind.

7. Der Median

Der Median (oder Zentralwert) ist der Merkmalswert, der eine geordnete Reihe mindestens ordinaler Merkmalswerte in zwei gleiche Teile zerlegt.

Der Median wird mit $\tilde{x}$ (x-Schlange) bezeichnet.

Sind n geordnete Beobachtungswerte gegeben und ist n eine ungerade Zahl, so gibt es genau einen mittleren Wert. Dieser hat die *Ordnungsnummer* $\frac{n+1}{2}$ und es gilt:

$$\tilde{x} = x_{\frac{n+1}{2}} \tag{11}$$

Beispiel:

Aus *Beispiel:* Temperaturen in Dubai:

$$(1, 2, 5, 10, 30, 50, 70, 50, 30, 10, 5, 1, 1)°C$$

folgt durch ordnen der Merkmalswerte die Temperatur-Reihe:

$$(1, 1, 1, 2, 5, 5, 10, 10, 30, 30, 50, 50, 70)°C.$$

In dieser <u>geordneten</u> Reihe von *13 Merkmalswerten* ist der Merkmalswert „10" der Wert, der in der Mitte der Reihe steht und sie in zwei gleiche Hälften teilt. Damit ist der Merkmalswert (oder Beobachtungswert) „10°C" der Median $\tilde{x}$ der Reihe „Dubai".

Bei einer *geraden* Anzahl von Beobachtungswerten kommen alle Werte zwischen $x_{\frac{n}{2}}$ und $x_{\frac{n}{2}+1}$ als Median in Frage. Üblicherweise wird bei metrischen Merkmalen der Median durch das *arithmetische Mittel* der Beobachtungswerte $x_{\frac{n}{2}}$ und $x_{\frac{n}{2}+1}$ definiert:

$$\tilde{x} = \frac{1}{2}(x_{\frac{n}{2}} + x_{\frac{n}{2}+1})\tag{12}$$

Median	Unter den n nach aufsteigendem oder absteigendem Zahlenwert geordneten und mit 1 bis n nummerierten Beobachtungswerten bei ungeradem n der Beobachtungswert mit der Rangzahl $(n+1)/2$, bei geradem n ein Wert zwischen den Beobachtungswerten mit den Rangzahlen $n/2$ und $(n/2)+1$. Bei geradem n wird der Median üblicherweise als arithmetischer Mittelwert der beiden Beobachtungswerte mit den Rangzahlen $n/2$ und $(n/2)+1$ definiert, falls dieser Wert Merkmalswert ist. *DIN 55 350 Teil 23.* Abkürzend wird der Median mit $\tilde{x}$, $x_{1/2}$ oder 0,5-Quartil bezeichnet. *DIN 13 303 Teil 1*

Beispiel:

Angenommen, die letzte Temperaturmessung (1°C) würde wegfallen. Dann ergibt sich eine neue Temperatur-Reihe wie folgt (n = 12):

(1, 1, 2, 5, 5, 10, 10, 30, 30, 50, 50, 70)°C

Der Beobachtungswert $x_{\frac{n}{2}}$ ist 10°C, der Beobachtungswert $x_{\frac{n}{2}+1}$ ist (zufällig) ebenfalls 10°C.

Daraus folgt:

$$\tilde{x} = \frac{1}{2}(x_{\frac{n}{2}} + x_{\frac{n}{2}+1}) = \frac{1}{2}(10+10) = 10°C.$$

8. Quantil

Ein weiterer Kennwert der Streuung, der **Quartilabstand** (auch Quartilspannweite), definiert sich aus dem Quantil.

Das Quantil ist der Wert einer geordneten Reihe von Beobachtungs- oder Merkmalswerten, der die Reihe in k gleiche Teile zerlegt (k-Quantil).

Von besonderer Bedeutung sind das 0,25- (oder ¼) Quantil und das 0,75- (oder ¾) Quantil.

Das ¼-Quantil wird ¼-Quartil genannt und mit $Q_{1/4}$ abgekürzt, das ¾-Quantil wird ¾-Quartil genannt und mit $Q_{3/4}$ abgekürzt.

Quartile	Unteres Quartil $x_{1/4}$ auch 0,25-Quantil.
	Oberes Quartil $x_{3/4}$ auch 0,75-Quantil.
	DIN 13 303 Teil 1

Aus der Differenz des ¾-Quartils und des ¼-Quartils definiert sich der Quartilabstand Q:

$$Q = Q_{3/4} - Q_{1/4} \tag{13}$$

Quartilabstand	$x_{3/4} - x_{1/4}$, auch Quartilspannweite
	DIN 13 303 Teil 1

Beispiel:

In einem Fahrtest können bis zu 100 Punkte erreicht werden. Wir betrachten die erreichten Punkte der Kandidaten. Halbe Punkte seien erlaubt.

1, 2, 5, 10, 30, 50, 70, 50, 30, 10, 5, 1, 1

Geordnet lautet die Reihe:

1, 1, 1, 2, 5, 5, 10, 10, 30, 30, 50, 50, 70.

Die ungradzahlige (n=13) Reihe hat den Median $\tilde{x} = 10$ ($\tilde{x}$ wird auch als $Q_{2/4}$ bezeichnet).

Das ¼-Quartil ist der mittlere Wert, der links vom Median die Reihe in 2 gleiche Hälften zerstückelt.

Da die Anzahl der Werte links vom Median gradzahlig (=6) ist, wird (wie vorher beim Median) das arithmetische Mittel aus dem 3. Wert (=1) und dem 4. Wert (=2) berechnet und mit $Q_{1/4}$ bezeichnet:

$$Q_{1/4} = \frac{1}{2}(1+2) = \mathbf{1,5}$$

Entsprechend ist das ¾-Quartil der mittlere Wert, der rechts vom Median die Reihe in 2 gleiche Hälften teilt:

$$Q_{3/4} = \frac{1}{2}(30+50) = \mathbf{40}$$

Daraus errechnet sich der Quartilabstand Q zu:

$\mathbf{Q} = Q_{3/4} - Q_{1/4} = 40 - 1,5 = \mathbf{38,5}$

Ebenfalls üblich sind Dezile und der Dezilabstand D:

Dezile	Unteres Quartil $x_{0,1}$ auch 0,1-Quantil.
	Oberes Quartil $x_{0,9}$ auch 0,9-Quantil.
	DIN 13 303 Teil 1
Dezilabstand	$x_{0,9} - x_{0,1}$,
	DIN 13 303 Teil 1

Aufgabe:

- berechnen Sie für das obere Beispiel den **Dezilabstand** $D = D_{0,9} - D_{0,1}$.

9. Modalwert

„Leider" gibt es Merkmalswerte, die nicht einmal ein Ordnungskriterium erfüllen. Beispiele hierfür sind Augenfarbe, Geschlecht und Beruf. In diesem Falle ist es nicht möglich, die oben entwickelte Charakterisierung von Reihen anzuwenden. Immerhin kann man als einfachsten Kennwert angeben, wie *häufig* ein bestimmter Merkmalswert in einer Reihe auftritt.

Die Merkmalsausprägung **x**, die am häufigsten (**h(x)**) vorkommt, heißt *häufigster Wert, dichtester Wert,* **Modalwert** $\bar{x}_D$ oder *Modus*. Es gilt:

$$h(\bar{x}_D) = \max_j (h(x_j))$$

Modalwert	Merkmalswert, zu dem ein Maximum der absoluten oder relativen Häufigkeit oder der Häufigkeitsdichte gehört.
	1 Modalwert: unimodal (eingipflig)
	2 Modalwerte: bimodal (zweigipflig)
	> 2 Modalwerte: multimodal (mehrgipflig)
	DIN 55 350 Teil 23

Beispiel:

In einer Schulklasse wird die Augenfarbe der Schüler ermittelt. Das Ergebnis lautet:

Blau, grün, braun, braun, blau, braun, blau, blau, grün-blau, grau, grün-grau.

Häufigster Wert (= Modalwert) in dieser Reihe ist die Augenfarbe „blau" (4x).

Gibt es mehrere Ausprägungen mit der größten Häufigkeit, dann gibt es entsprechend viele häufigste Werte. Diese werden Bi-Modal (2-fach) oder als Multimodal bezeichnet, wenn sie noch häufiger auftreten. Der häufigste Wert in einer Modalwertreihe wird auch „Kaisermodus[1]" genannt.

Aufgaben:

Welche Kenngröße ist sinnvoll?

- Von 5 Studierenden haben 3 blaue Augen, je einer hat grüne bzw. grau-blaue Augen

- Wie groß ist der Median?

- Von 7 in der Kantine versammelten Beamten sind 3 in der Besoldungsgruppe A 10, 2 in A 9, je einer in A 11 und A 12.

---

[1] (Sliwczuk, 2001)

10. Das geometrische Mittel

Das geometrische Mittel ist zu verwenden, wenn man es mit zeitlich aufeinander folgenden Zuwächsen, Wachstumsraten oder ähnlichem zu tun hat.

Geometrischer Mittelwert	n-te Wurzel aus dem Produkt von n positiven Beobachtungswerten.
	$$\bar{x}_g = \sqrt[n]{x_1 . x_2 .... x_n}$$
	DIN 55 350 Teil 23
	Der geometrische Mittelwert ist vor allem dann anzuwenden, wenn ein Durchschnitt von Verhältniszahlen berechnet werden soll, die Veränderungen in jeweils gleichen zeitlichen Abständen angeben.
	DIN 55 302 Blatt 2

Dabei ist zu beachten, dass Zuwachsraten aufeinander folgender Jahre
nicht durch Addition zu verknüpfen sind, um die Gesamtrate für mehrere
Jahre zu erhalten. Man muss die Zuwachs*faktoren* der Jahre multiplizieren
und 1 abziehen.

Beispiel:

Die Einnahmen einer größeren Behörde entwickeln sich in den Jahre 2000
bis 2003 wie folgt:

Jahr	*Einnahme*	*Zuwachs gegenüber Vorjahr*	
		Zuwachsrate	Zuwachsfaktor x
2000	$U_0 = 1.000.000$		
2001	$U_1 = 1.800.000$	80 %	$\frac{U_1}{U_0} = 1{,}8$
2002	$U_2 = 1.980.000$	10 %	$\frac{U_2}{U_1} = 1{,}1$
2003	$U_3 = 2.772.000$	40 %	$\frac{U_3}{U_2} = 1{,}4$

Addiert man die Zuwachsraten, so erhält man 130%. Das entspricht aber nicht dem tatsächlichen Zuwachs in den 3 Jahren. Der errechnet sich aus Endwert (2.772.000) und Anfangswert (1.000.000) zu

$$\frac{2.772.000 - 1.000.00}{1.000.000} = 1,772 \text{ oder } \textbf{177,2\%}.$$

Das gleiche Resultat erhält man, wenn man zunächst das Produkt der Zuwachsfaktoren bildet: $x_P = 1,8 * 1,1 * 1,4 = 2,772$, und dann die Gesamtzuwachsrate x_G berechnet ($x_G = x_P - 1$):

$$x_G = 2,772 - 1 = 1,772 \text{ bzw. } \textbf{177,2 \%}.$$

Daraus folgt die allgemeine Definition für das geometrische Mittel: Gegeben sind **n** Beobachtungswerte x_i ($i = 1, 2, ..., n$) eines Merkmals X. Das **ungewogene geometrische Mittel** ergibt sich dann zu:

$$\overline{x}_G = \sqrt[n]{x_1 . x_2 ... x_n} = \sqrt[n]{\prod_{i=1}^{n} x_i} \qquad (14)$$

Achtung: Die Beobachtungswerte des obigen Beispiels sind die Zuwachsfaktoren!

Der Vollständigkeit halber sei angefügt, dass sich das gewogene geometrische Mittel mit den relativen Häufigkeiten $f(x_j)$ aufgrund dieser Definition einfach darstellen lässt als

$$\overline{x}_G = \sqrt[n]{x_1^{h(x_1)} . x_2^{h(x_2)} .... x_m^{h(x_m)}} = \sqrt[n]{\prod_{j=1}^{m} x_j^{h(x_j)}} = \prod_{j=1}^{m} x_j^{f(x_j)} \text{, mit: } f(x) = \frac{h(x)}{n} \qquad (15)$$

Der Vorteil der Verwendung dieser alternativen Darstellung liegt darin, dass bei dem gewogenen Mittel keine n-te Wurzel gezogen werden muss.

Viele Menschen haben große Schwierigkeiten, aus Zahlenreihen Tendenzen abzuleiten oder ein „Gefühl" für die Bedeutung der Merkmalswerte zu bekommen (das ist unter anderem der Grund, warum sich Digitaluhren nicht als Armbanduhren durchsetzen konnten, obwohl sie die Zeit wesentlich genauer anzeigen können als analoge Armbanduhren).

Zur Veranschaulichung dieser Werte benutzt man die grafische Darstellung.

11. Grafische Darstellung von Daten

Abhängig von der Art, der Menge, aber auch von der zu verwendenden Skala werden statistische Daten in vielen grafischen Variationen dargestellt.

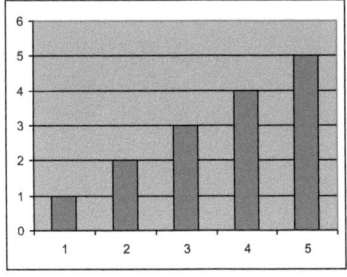

Die am häufigsten verwendeten Diagramme sind: Säulen- oder Balkendiagramme für nominal und ordinal messbare Merkmale,

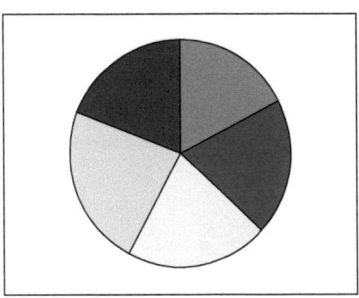

Flächendiagramme und Kreisdiagramme für Gelegenheiten, bei denen nur wenige Merkmale im Verhältnis zur gesamten Anzahl darzustellen sind (Stimmaufteilung von Parteien bei einer Wahl),

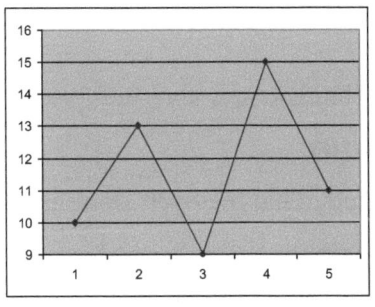

Kurvendiagramme und Polygonzüge (Klassenmittelpunkte) zur Darstellung von z.B. Zeitreihen

Auch für Diagramme gibt es Beschreibungen in der DIN. Nachstehend ein Beispiel für das **Histogramm**:

Histogramm	Grafische Darstellung der Häufigkeitsdichtefunktion. Über den Klassen werden Rechtecke errichtet, deren Flächen den Häufigkeiten proportional sind. *DIN 55 350 Teil 23*

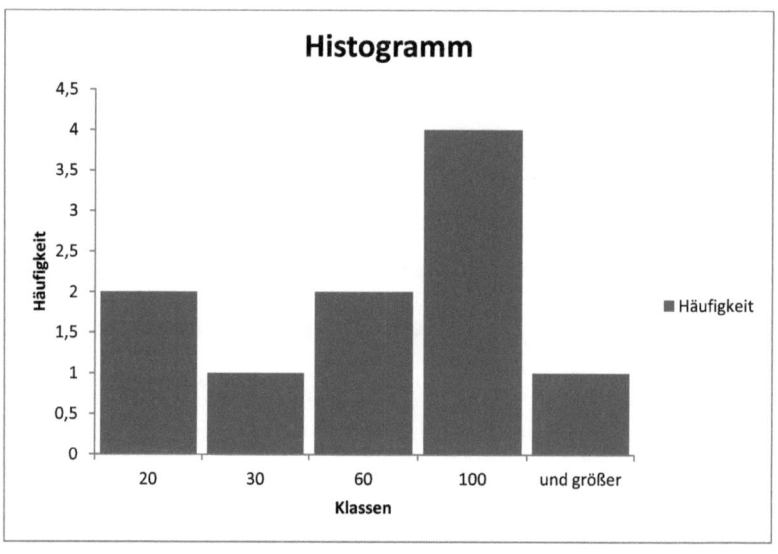

Aufgetragen sind die ermittelten absoluten Häufigkeiten über die 5 Klassen: **0-20; 21-30; 31-60; 61-100 und größer 100.**

Oft werden auch statt der absoluten Häufigkeiten die relativen Häufigkeiten aufgetragen.

Die **nachfolgende Grafik** zeigt, dass durch eine geeignete Darstellung von Datenreihen Zusammenhänge deutlich werden können, die sonst möglicherweise unbemerkt bleiben.

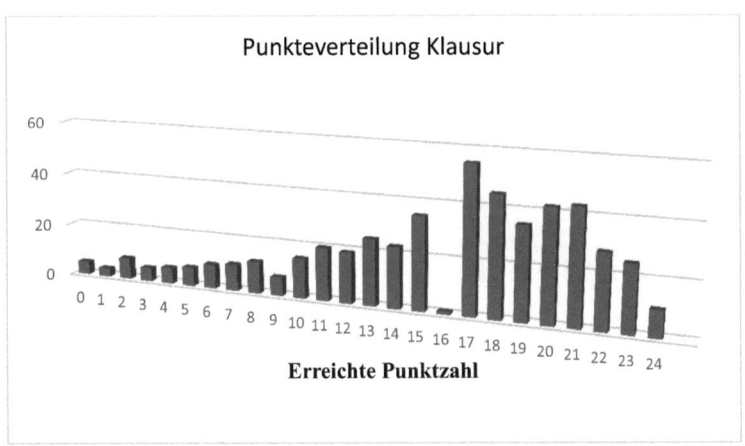

Auffällig und sofort ersichtlich ist die Lücke an der Stelle „16" der Punkteverteilung. Wird das Datenraster wie in nächsten Beispiel gröber gewählt, wird diese wichtige Information ausgeblendet:

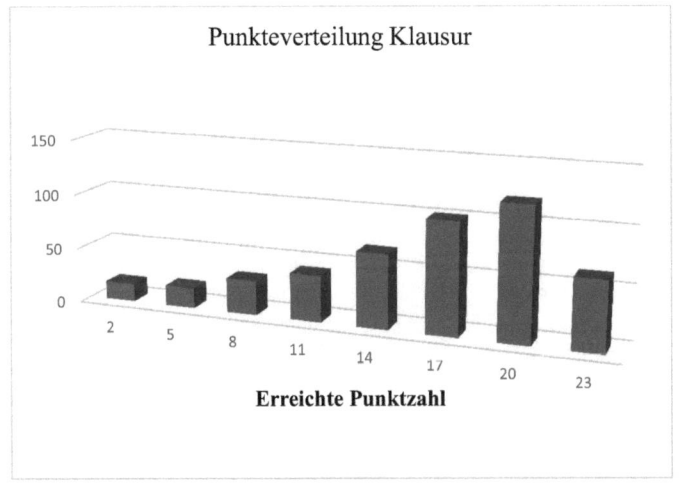

Genauso kann eine Grafik auch irreführen:

Das Kurvendiagramm zeigt zwei Kurven, die überall den gleichen vertikalen Abstand zueinander aufweisen, scheinbar aber immer mehr zusammenrücken[2].

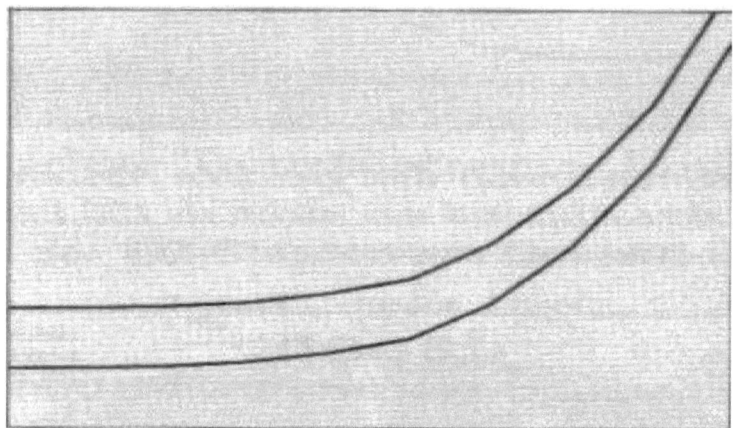

Als „Chartjunk" oder „Computerschrott" werden Diagramme bezeichnet, die vom Computer erstellt wurden, ohne dass vorher nachgedacht wurde.

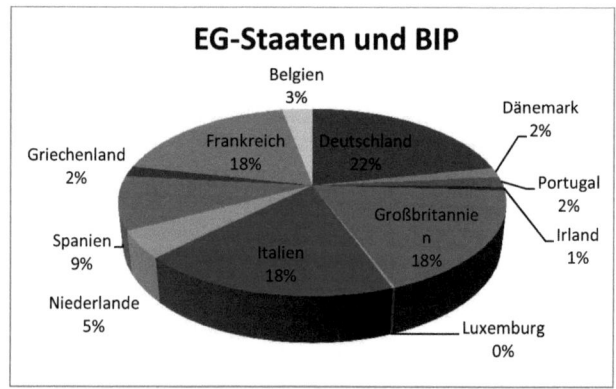

[2] (Krämer, 1992)

Dieses „Tortendiagramm" zeigt in der Reihung nicht das geringste System. Weder alphabetisch noch politisch, weder geographisch noch historisch, weder von groß nach klein oder gar nach Bedeutung.

Das Stengel-Blatt-Diagramm

Aussagekräftig, aber relativ unbekannt zur Analyse von metrischen Daten ist das „Stengel-Blatt-Diagramm". Wir betrachten die folgende unsortierte Alters-Zahlenreihe:

26, 34, 35, 13, 3, 20, 79, 50, 14, 14, 53, 9, 39, 36, 40, 41, 56, 16, 41, 17, 46, 43, 18, 35, 35, 35.

Sortiert man nun diese Zahlen nach der Größe und den ersten Ziffern (Anfangsziffern), ergibt sich nachfolgende Grafik:

0	3 9
1	3 4 4 6 7 8
2	0 6
3	4 5 5 5 5 8 9
4	0 1 1 3 6
5	0 3 6
6	
7	9

„Stengel-Blatt-Diagramme" zeigen sehr schön einige Details, die aus der Liste wesentlich schwerer ersichtlich wären: Zum Beispiel, dass der jüngste Nachbar 3 und der älteste Nachbar 79 Jahre alt ist. Oder dass die Altersgruppe der 30- jährigen die größte Gruppe darstellt und dass die 35- jährigen mit vier Vertretern den stärksten Jahrgang darstellen.

12. Häufigkeitsverteilung

Die tabellarische oder grafische Darstellung der geordneten Merkmalsausprägungen mit den ihnen zugeordneten absoluten oder relativen Häufigkeiten heißt Häufigkeitsverteilung des Merkmals.

In diesem Zusammenhang ist die Definition der Summenhäufigkeiten von
Vorteil, weil bei der Analyse statistischer Daten oftmals die Frage auftritt,
wie viele Beobachtungswerte insgesamt unterhalb und/oder oberhalb einer
bestimmten Merkmalsausprägung liegen.

Summenhäufigkeit

Die einer Merkmalsausprägung oder einer oberen Klassengrenze eines
ordinal oder metrisch messbaren Merkmals zugeordnete Häufigkeit aller
Beobachtungswerte, die diese Merkmalsausprägung oder Klassengrenze
nicht überschreiten, heißt Summenhäufigkeit.

Für die **absoluten Summenhäufigkeiten** gilt:

$$H(x) = \sum_{x_k \leq x_j} h(x_k) = \sum_{k=1}^{j} h(x_k) \tag{16}$$

Absolute Häufig-keitssumme	Anzahl der Beobachtungswerte, die einen vorgegebenen Wert nicht über-schreiten (auch: kumulierte absolute Häufigkeit; bei Klassengrenze auch: summierte Besetzungszahl). *DIN 55 350 Teil 23*

für die **relative Summenhäufigkeit** gilt:

$$F(x) = \sum_{x_k \leq x_j} f(x_k) = \sum_{k=1}^{j} f(x_k) \tag{17}$$

Relative Häufig-keitssumme	Absolute Häufigkeitssumme dividiert durch die Gesamtzahl der Beobach-tungswerte (auch: kumulierte relative Häufigkeit). *DIN 55 350 Teil 23*

48

Tabellarische oder grafische Darstellungen der geordneten Merkmalsausprägungen bzw. -klassen und der zugehörigen Summenhäufigkeit heißen Summenhäufigkeitsverteilungen. Bei klassierten Merkmalen gibt die Summenhäufigkeitsverteilung an, wie viele Werte insgesamt unterhalb der jeweiligen oberen Klassengrenze liegen.

Aufgabe:

- Bestimmen Sie mittels der grafischen Auftragung der Summenhäufigkeiten den Median einer Reihe.

Beispiel:

Bei dem Beispiel „Temperaturmessung in Kassel" ergab sich die folgende Reihe:

$$(15, 17, 17, 19, 20, 20, 21, 22, 23, 22, 23, 23, 23)°C$$

Aus dieser Reihe erstellen wir unter Verwendung des gerade Gelernten die folgende Tabelle:

Temperatur in °C x_j	15	16	17	18	19	20	21	22	23
Absolute Häufigkeit $h(x_j)$	1	0	2	0	1	2	1	2	4
Relative Häufigkeit $f(x_j)$ in %	7,7	0	15,4	0	7,7	15,4	7,7	15,4	30,8
Abs. Summenhäufigkeit $H(x_j)$	1	1	3	3	4	6	7	9	13
Relative Summenhäufigkeit in % $F(x_j)$	7,7	7,7	23,1	23,1	30,8	46,2	53,8	69,2	100

Nun tragen wir F(x) gegen die Temperatur auf und verbinden die Punkte in Form einer Treppe:

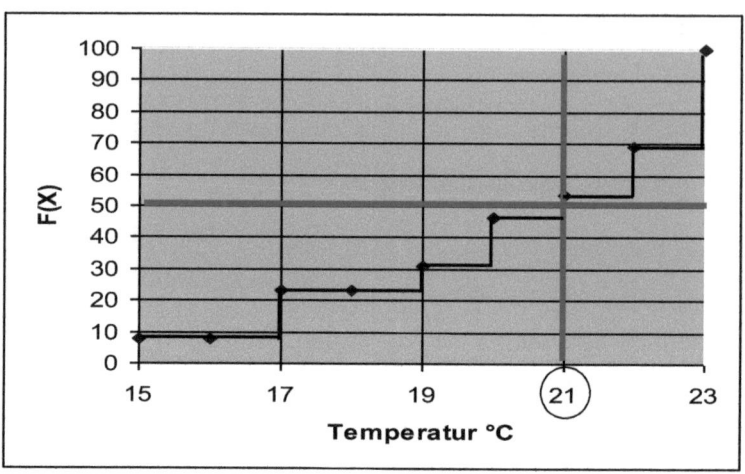

Aus dem Diagramm bestimmt sich der Median (bei 50 % der „Relativen Summenhäufigkeit" F(x)) zu **21 °C**.

Das ist der gleiche Wert, der sich aus der geordneten Reihe ebenfalls ergeben hätte:

(15, 17, 17, 19, 20, 20, **21**, 22, 22, 23, 23, 23, 23)°C

3. Einschub: Konzentrationsmessung und Lorenzkurve

Metrisch messbare Merkmale sind häufig ungleichmäßig auf Merkmalsträger verteilt. Stellt sich die Frage, ob eine *Konzentration* der Merkmalswerte auf wenige Merkmalsträger vorliegt.

Beispiel aus der Bauwirtschaft. 10 Betriebe haben einen Umsatz von 40 Millionen Euro pro Jahr.

Betrieb	1	2	3	4	5	6	7	8	9	10
Umsatz/ T€	500	700	900	1.000	1.200	1.300	1.400	8.000	10.000	15.000

Offensichtlich konzentriert sich der Löwenanteil des Umsatzes auf die Firmen 8, 9 und 10. Es liegt eine Konzentration des Umsatzes auf 3 Firmen vor.

Ein vollständig anderer Fall liegt vor, wenn zum Beispiel 10 Firmen des Einzelhandels ebenfalls einen gesamten Jahresumsatz von 40 Millionen Euro haben, wobei jede Einzelfirma 4 Millionen Umsatz haben möge. Der Umsatz ist *gleichverteilt*. Es liegt keine Konzentration vor. Die Häufigkeitsverteilung $h(x_i)$ des Merkmals „Jahresumsatz Einzelfirma" besteht aus nur <u>einer</u> Merkmalsausprägung (4 Millionen Euro). Der Begriff der Konzentration hat offenbar mit dem Begriff Streuung zu tun. Merke: Für alle berechenbaren Streuungsmaße ergibt sich der Wert „0".

Definition:

Merkmalssumme $G = n\bar{x} = \sum_{i=1}^{n} x_i$ oder auch $G = n\bar{x} = \sum_{j=1}^{m} x_j h(x_j)$, wobei

die x_i, i = 1 .. n die **n** geordneten Beobachtungswerte bzw. die x_j, j = 1 .. m

die **m** geordneten Ausprägungen mit den absoluten Häufigkeiten **h(x_j)**

darstellen. $\bar{x}$ ist der arithmetische Mittelwert.

In unserem Beispiel hat G den Wert „40 Millionen Euro".

Anteilige Merkmalssumme: $G(x_k) = \sum_{i=1}^{k} x_i$ bzw. $G(x_k) = \sum_{j=1}^{k} x_j h(x_j)$, und

relative Merkmalssumme: $g(x_k) = \dfrac{G(x_k)}{G} = \dfrac{1}{\bar{x}} \sum_{j=1}^{k} x_j f(x_j)$,

wobei x_i, i = 1 .. n die geordneten Beobachtungswerte und x_j, j = 1 .. m die

geordneten Ausprägungen mit den Häufigkeiten h(x_j) bzw. den relativen

Häufigkeiten f(x_j) *bis zum Beobachtungswert bzw. Merkmalsausprägung*

x_k darstellen.

Beispiel: Sei k = 3. Dann ist $G(x_3)$ = 500€ + 700€ + 900€ = 2100€ und

$g(x_k)$ berechnet sich für k = 3: $g(x_3) = \dfrac{2100}{40000} = $ **5,25 %.**

Tabelle Baubetriebe (Gesamtumsatz 40 Mio. €)

k	1	2	3	4	5	6	7	8	9	10
x_k/Mio €	0,5	0,7	0,9	1	1,2	1,3	1,4	8	10	15
f(x_k)	0,1	0,1	0,1	0,1	0,1	0,1	0,1	0,1	0,1	0,1
F(x_k)	0,1	0,2	0,3	0,4	0,5	0,6	0,7	0,8	0,9	1
g(x_k)	0,0125	0,03	0,0525	0,0775	0,1075	0,14	0,175	0,375	0,625	1

Es liegt keine Konzentration vor, wenn alle Einheiten denselben Merkmalswert haben (zum Beispiel 4 Millionen Euro). Dann gilt aber auch, dass die relative Summenhäufigkeit $F(x_k)$ gleich sein muss der relativen Merkmalssumme $g(x_k)$, also

$$F(x_k) = g(x_k).$$

Tabelle Einzelhandelsfirmen (Gesamtumsatz $G = 40$ Mio €)

k	1	2	3	4	5	6	7	8	9	10
x_k/Mio€	4	4	4	4	4	4	4	4	4	4
$f(x_k)$	$1/10$ $= 0,1$	$1/10$ $= 0,1$	0,1	0,1	0,1	0,1	0,1	0,1	0,1	0,1
$F(x_k)$	0,1	0,2	0,3	0,4	0,5	0,6	0,7	0,8	0,9	1
$g(x_k)$	$4/40$ $= 0,1$	$8/40$ $= 0,2$	0,3	0,4	0,5	0,6	0,7	0,8	0,9	1

Aufgabe:

- Beweisen Sie die Aussage anhand des Beispiels der Einzelfirmen.

Daraus folgt die Definition der Konzentration:

Gegeben sei ein metrisch messbares Merkmal X. Gilt $F(x_i) = g(x_i)$ für $i = 1 .. n$, so liegt keine Konzentration der Merkmalssummen bezüglich der statistischen Einheiten vor. Gilt für wenigstens ein **i**: $F(x_i) > g(x_i)$, so liegt Konzentration vor.

Grafische Veranschaulichung der Konzentration: Die Lorenzkurve.

Gegeben sei ein metrisch messbares Merkmal X, die relativen Summenhäufigkeiten $F(x_i)$ und die relativen Merkmalssummen $g(x_i)$, $i = 1 .. m$.

Die grafische Darstellung der Punkte $(F(x_i); g(x_i))$ und deren gradlinige Verbindung heißt **Lorenzsche Konzentrationskurve** oder **Lorenzkurve**.

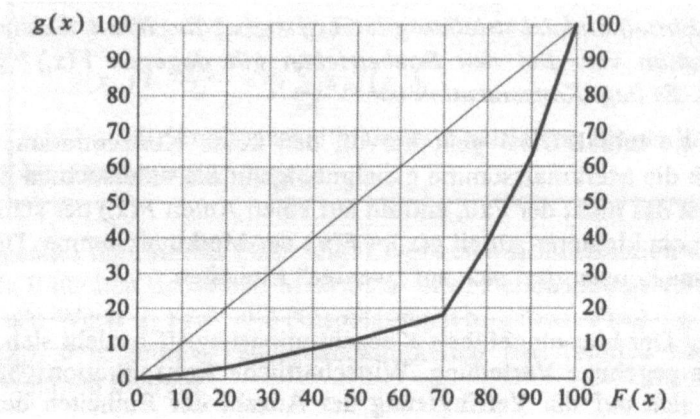

$F(x)$ und $g(x)$ werden üblicherweise in Prozent angegeben. Liegt keine Konzentration vor, gilt $F(x_j) = g(x_j)$, und es ergibt sich als Konzentrationskurve eine Ursprungsgerade mit der Steigung 1, die sogenannte „Winkelhalbierende" oder 45°-Linie.

Man benutzt die Konzentrationskurve auch zur Bestimmung einer Kennzahl zur Messung der Stärke der Konzentration, indem man die Fläche zwischen der Winkelhalbierenden und der Lorenzkurve bestimmt und durch die Gesamtfläche unterhalb der Winkelhalbierenden (Dreiecksfläche) dividiert.

Die Fläche unterhalb der Winkelhalbierenden beträgt die Hälfte von (100x100), d.h. 5000.

Definition des Konzentrationsmaßes:

Gegeben sei eine Lorenzkurve, und es sei **F** die Fläche zwischen der 45°-Linie und der Konzentrationskurve. Dann heißt

$$L = \frac{F}{5000}$$ mit $0 \leq L \leq 1$ **Lorenzsches Konzentrationsmaß** und gibt die

Stärke der Konzentration an.

Für L = 1 besteht völlig Konzentration (ein Betrieb hat den gesamten Umsatz), für L = 0 besteht keine Konzentration. *In unserem Beispiel ist F = 2905 und damit L = 0,581.*

Eine große Schwierigkeit bei der grafischen Methode besteht darin, die Fläche zwischen den Kurven zu bestimmen. Darum wird häufig ein anderes Maß für die Konzentration verwendet: **L***.

$$L^* = \frac{\sum_{j=1}^{m}(F(x_j) - g(x_j))}{\sum_{j=1}^{m}F(x_j)}, j = 1, 2, 3, \dots m; \; m = \text{Anzahl der Merkmalssummen}$$

Liegt keine Konzentration vor, so ist: L* = 0. Es gilt $0 \leq L^* \leq 1$. Für großes **m** gilt meistens: $L^* \approx L$.

Für die Baubetriebe ergibt sich: $L^* = \frac{2,905}{5,5} = \mathbf{0,53}$

14. Mehrdimensionale Häufigkeitsverteilung

Alle bislang mathematisch behandelten Häufigkeitsverteilungen waren *1-dimensionaler* Art (Temperatur, Gehalt etc.). Weitaus häufiger sind mehrdimensionale Häufigkeitsverteilungen. So werden zum Beispiel bei Volkszählungen mehr als 100 Merkmale (Variable) erfasst und miteinander kombiniert. Bei der Volkszählung werden der Einheit „Person" Fragen zum Alter, zum Geschlecht, zur Größe, zur Haarfarbe, zum Einkommen, zum Konsumverhalten usw. gestellt. **Ausgewertet werden die Daten hinsichtlich eines möglichen Zusammenhanges zwischen den Merkmalen.**

Im Folgenden werden nur Zusammenhänge *2-dimensionaler Häufigkeitsverteilungen* betrachtet, zum Beispiel zwischen Geschlecht und Konsumverhalten, Einkommen und Konsumverhalten, Geschlecht und Haarfarbe etc. *Genau an dieser Stelle werden die meisten Fehlschlüsse gezogen.* Eine gedankenlose Anwendung der nachfolgend beschriebenen mathematischen Werkzeuge führt in der Regel zu völlig falschen Schlüssen. Oder glauben Sie im Ernst, Haarfarbe und Konsumverhalten würden eine sinnvolle Abhängigkeit aufweisen?

Die mathematische Behandlung 2-dimensionaler Häufigkeitsverteilungen hat außerdem entscheidende Vorteile: Die Mathematik ist relativ einfach, und ohne Beschränkung der Allgemeinheit lassen sich die mathematischen Verfahren auf höherdimensionale Probleme erweitern.

Wie lässt sich ein Zusammenhang zwischen zwei Merkmalen ermitteln?

Beispiel:

Aus der Volkszählung liegen Daten vor, die vermuten lassen, dass es einen Zusammenhang zwischen dem Einkommen und dem Konsumverhalten gibt. In der nachfolgenden Tabelle werden die Einkommen bestimmter Gruppen und die mittleren Ausgaben für nicht-lebensnotwendige Konsumgüter gegenübergestellt. Die Frage lautet, ob sich ein Zusammenhang feststellen lässt, und wenn, wie dieser Zusammenhang geartet ist. Lassen sich eventuell Schlussfolgerungen für andere, nicht aufgeführte Einkommen schließen?

Tabelle

Gehalt/€ x_i	500	550	520	1000	1500	1550	1600	2500	2450	2550	2600
Konsum/€ y_i	250	250	400	800	800	750	850	750	500	1000	900

Der einfachste Zusammenhang, der vermutet werden kann, ist ein linearer. Das heißt, je höher das Einkommen ist desto mehr (oder weniger) wird für Konsumgüter ausgegeben.

Zur Auswahl der richtigen mathematischen Werkzeuge muss grundsätzlich vorab bestimmt werden, um welchen Skalentyp es sich handelt. Bei beiden Variablen handelt es sich um Geld und damit um metrische Daten, die der Verhältnisskala zuzuordnen sind. In Falle metrischer Daten lässt sich das Verfahren **der linearen Regression** anwenden.

15. Lineare Regression

<table>
<tr><td>Regressionskurve</td><td>Im Falle von zwei Merkmalen X und Y die Kurve, die zu jedem Wert x des Merkmals X einen mittleren Wert y(x) des Merkmals Y angibt. Die Regression wird als linear bezeichnet, wenn die Regressionskurve durch eine Gerade angenähert werden kann. In diesem Falle ist der „lineare Regressionskoeffizient von Y bezüglich x" der Koeffizient von x (Steigung) in der Gleichung y = y(x). DIN 55 350 Teil 23</td></tr>
</table>

$\hat{y}_i = a_{yx} + b_{yx}x_i$ Gleichung der Regressionsgeraden von y auf x

Eine Vertauschung von x mit y liefert die Regressionsgerade von x auf y

$b_{yx} = \dfrac{s_{xy}}{s_x^2} = \dfrac{r_{xy}s_y}{s_x}$ Regressionskoeffizient von y auf x

$a_{yx} = \bar{y} - b_{yx}\bar{x}$ Regressionskonstante von y auf x

DIN 13 303 Teil 1

Bei dem Verfahren der linearen Regression werden die Parameter **a** und **b** der Geradengleichung $y = b * x + a$ ermittelt, wobei **a** der Achsenabschnitt der Geraden und **b** die Steigung der Geraden sei (die Festlegung von **a** und **b** geht in der Literatur völlig durcheinander. Wir folgen der Festlegung der Fa. Casio). Ermittelt wird bei Anwendung der linearen Regression genau die optimale Gerade $\hat{y}$ (fragt sich nur, und darauf kommen wir später, was eine optimale Gerade ist).

Mittlerweile besitzt fast jeder Student ein Netbook oder hat Zugang zu einem PC/Notebook mit Kalkulationsprogramm. Jedes Kalkulationsprogramm, egal ob Excel, Calc oder wie auch immer es heißen mag, beherrscht die lineare Regression. Für unsere praktische Anwendung ausreichend sind Taschenrechner, beispielsweise der Casio fx-991DE PLUS, oder Smartphones, die als „App" einen Taschenrechner mit statistischen Funktionen haben **und die lineare Regression beherrschen.**

Immer werden zunächst die Wertepaare „Einkommen$_i$ (auch: x$_i$-Wert)" und „Konsum$_i$ (auch: y$_i$-Wert)" **in der richtigen Reihenfolge** (erst x$_i$-Wert, dann der y$_i$-Wert) eingegeben (x$_i$ steht hier für den i-ten Wert in der Tabelle).

- Die Tastenkombination zum Einschalten der statistischen Funktionen bei dem o.a. „Casio" lautet: (Mode) (2) (2).
- Dann folgt die Eingabe der Daten, z.B. erst alle x-Werte, Cursor nach rechts, Eingabe aller y-Werte.
- Um die gesuchten Konstanten **a** und **b** zu erhalten, (AC) drücken, dann (Shift 1) (5) (1) für „**a**", (Shift 1) (5) (2) für „**b**" usw.

In Excel wählen wir die Funktion „RGP". RGP hat die Form: y-Eingabe, x-Eingabe und zusätzliche Parameter, die hier nicht gebraucht werden.

Wenn wir die x-Werte in die Zellen A2:A12 und die y-Werte in die Zellen B2:B12 eintragen und beachten, dass die Formel {=RGP(B1:B11;A1:A11)} **in Matrixschreibweise**[3] eingegeben ist, sollte unser Ergebnis wie folgt aussehen:

---

[3] STRG+Umschalt+Return" und die geschweiften Klammern nicht vergessen

x-Werte	y-Werte
500	250
550	250
520	400
1000	800
1500	800
1550	750
1600	850
2500	750
2450	500
2550	1000
2600	900
Steigung	**Achsenabschnitt**
0,215	**320**

Zur Belohnung erhalten wir das gewünschte Ergebnis:

$$a = 320, b = 0,215$$

Die Gleichung der optimalen Geraden kann nun angegeben werden:

$$\hat{y}_i = 0,215* \ x_i + 320$$

Im Fachjargon wurde eine lineare Regression von **y auf x** durchgeführt (was vermuten lässt, dass es auch eine lineare Regression **x auf y** gibt).

Spätestens jetzt sollte man ein Diagramm zeichnen und überprüfen, ob das Ergebnis einen Sinn ergibt.

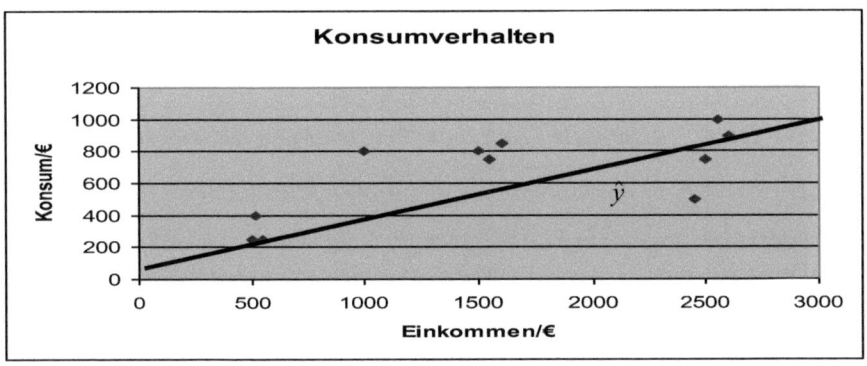

Aufgetragen ist der Konsum über dem Einkommen. Die optimale Gerade $\hat{y}$ hat die Steigung b = 0,215 und den Achsenabschnitt a = 320. Die Gerade liegt mittig zwischen den Konsumdaten. Sieht gut aus!

Wir *glauben* nun, dass diese Gerade genau die *gesuchte optimale Gerade* ist. Aber ist sie das wirklich? Können wir sicher sein? **Und was *ist* eine optimale Gerade überhaupt?** Zur Beantwortung dieser Fragen soll nachfolgend mathematisch nachvollzogen werden, was in Excel einprogrammiert ist und in Bruchteilen von Sekunden ausgerechnet wird: Die lineare Regression.

16. Bestimmung der Regressionskonstanten a und b

Hinweis: Dieser Abschnitt kann beim erstmaligen Lesen getrost übersprungen werden. Er dient einmalig der Beweisführung, dass mittels linearer Regression tatsächlich die gesuchte „optimale Gerade" gefunden wird.

Regressionsgleichung $\hat{y}_i = a + bx_i$

Fehler e $e_i = \hat{y}_i - y_i$

Ziel: Minimierung des Fehlers e: $\sum_{i=1}^{n} e_i^2 \longrightarrow \min$

Man minimiert die Summe der Fehlerquadrate, indem die Summe *partiell* nach den Regressionskoeffizienten a und nach b abgeleitet und gleich Null gesetzt wird.

Zunächst wird der Ausdruck für den Fehler (e) durch die Differenz ($\hat{y}_i - y_i$) ersetzt. Im nächsten Schritt substituiert man $\hat{y}_i$ durch die Regressionsgleichung:

$$\sum_{i=1}^{n} e_i^2 = \sum_{i=1}^{n} (\hat{y}_i - y_i)^2 = \sum_{i=1}^{n} (a + bx_i - y_i)^2$$

Partielle Ableitung nach *a* und Null setzen ergibt:

$$\frac{\partial \sum e_i^2}{\partial a} = 2 \cdot \sum_{i=1}^{n} (a + bx - y_i) \cdot (+1) = 0$$

$$\Rightarrow n \cdot a + b \cdot \sum_{i=1}^{n} x_i - \sum_{i=1}^{n} y_i = 0 \qquad \textbf{Gleichung I}$$

Partielle Ableitung nach b und Null setzen ergibt:

$$\frac{\partial \sum e_i^2}{\partial b} = 2 \cdot \sum_{i=1}^{n}(a+b\cdot x-y_i)\cdot(x_i) = 2\cdot\sum_{i=1}^{n}(a\cdot x_i + b\cdot x_i^2 - x_i\cdot y_i) = 2\cdot(a\cdot\sum_{i=1}^{n}x_i + b\cdot\sum_{i=1}^{n}x_i^2 - \sum_{i=1}^{n}x_i\cdot y_i)$$

$$\frac{\partial \sum e_i^2}{\partial b} = 0 \Rightarrow a\cdot\sum_{i=1}^{n}x_i + b\cdot\sum_{i=1}^{n}x_i^2 - \sum_{i=1}^{n}x_i\cdot y_i = 0 \qquad \textbf{Gleichung II}$$

Auflösen der Gleichungen I und II nach b ergibt:

$$b = \frac{\sum\limits_{i=1}^{n}y_i - n\cdot a}{\sum\limits_{i=1}^{n}x_i} \qquad \textbf{(aus Gleichung I)}$$

$$b = \frac{\sum\limits_{i=1}^{n}x_i\cdot y_i - a\cdot\sum\limits_{i=1}^{n}x_i}{\sum\limits_{i=1}^{n}x_i^2} \qquad \textbf{(aus Gleichung II)}$$

Gleichsetzungsverfahren zur Bestimmung von **a**:

$$\frac{\sum\limits_{i=1}^{n}y_i - n\cdot a}{\sum\limits_{i=1}^{n}x_i} = \frac{\sum\limits_{i=1}^{n}x_i\cdot y_i - a\cdot\sum\limits_{i=1}^{n}x_i}{\sum\limits_{i=1}^{n}x_i^2} \quad \text{, daraus folgt durch Ausmultiplizieren:}$$

$$\sum_{i=1}^{n}x_i^2\cdot\sum_{i=1}^{n}y_i - n\cdot a\cdot\sum_{i=1}^{n}x_i^2 = (\sum_{i=1}^{n}x_i\cdot y_i)\cdot\sum_{i=1}^{n}x_i - a\cdot(\sum_{i=1}^{n}x_i)^2$$

Auflösen und Ordnen der Summen nach **a** ergibt:

$$a \cdot \left(\sum_{i=1}^{n} x_i\right)^2 - n \cdot a \cdot \sum_{i=1}^{n} x_i^2 = \left(\sum_{i=1}^{n} x_i \cdot y_i\right) \cdot \sum_{i=1}^{n} x_i - \sum_{i=1}^{n} x_i^2 \cdot \sum_{i=1}^{n} y_i.$$

Ausklammern von **a** und Division durch den Klammerausdruck ergibt:

$$a = \frac{\sum_{i=1}^{n} x_i \cdot \sum_{i=1}^{n} x_i \cdot y_i - \sum_{i=1}^{n} x_i^2 \cdot \sum_{i=1}^{n} y_i}{\left(\sum_{i=1}^{n} x_i\right)^2 - n \cdot \sum_{i=1}^{n} x_i^2}$$

Ganz analog wird der Koeffizient **b** bestimmt:

Auflösung der Gleichungen I und II nach **a** ergibt:

$$a = \frac{\sum_{i=1}^{n} y_i - b \cdot \sum_{i=1}^{n} x_i}{n} \qquad \text{(aus Gleichung I)}$$

$$a = \frac{\sum_{i=1}^{n} x_i \cdot y_i - b \cdot \sum_{i=1}^{n} x_i^2}{\sum_{i=1}^{n} x_i} \qquad \text{(aus Gleichung II)}$$

Gleichsetzung von a zur Bestimmung von b:

$$\frac{\sum_{i=1}^{n} y_i - b \cdot \sum_{i=1}^{n} x_i}{n} = \frac{\sum_{i=1}^{n} x_i y_i - b \cdot \sum_{i=1}^{n} x_i^2}{\sum_{i=1}^{n} x_i}$$

Sortieren nach **b**:

$$b \cdot n \cdot \sum_{i=1}^{n} x_i^2 - b \cdot \sum_{i=1}^{n} x_i \cdot \sum_{i=1}^{n} x_i = n \cdot \sum_{i=1}^{n} x_i y_i - \sum_{i=1}^{n} x_i \cdot \sum_{i=1}^{n} y_i$$

Ausklammern von b und Division durch den Klammerausdruck ergibt:

$$b = \frac{n \cdot \sum_{i=1}^{n} x_i y_i - \sum_{i=1}^{n} x_i \cdot \sum_{i=1}^{n} y}{n \cdot \sum_{i=1}^{n} x_i^2 - (\sum_{i=1}^{n} x_i)^2}$$

Die so ermittelten Regressionskonstanten **a** und **b** betreffen die Regression von **y auf x**!

Da es auch eine Regression von **x auf y** gibt, müssen zur Vermeidung von Missverständnissen Indizes angebracht werden: Wir erhalten bei der Regression von **y auf x** die Koeffizienten:

$$a_{yx} \text{ bzw. } b_{yx}.$$

Wir haben die lineare Regression von **y auf x** hergeleitet, indem wir die **Abweichung** der y_i-**Werte** von der optimalen Geraden betrachtet haben. Genauso gut hätten wir die Abweichung der x_i-Werte von der optimalen Geraden betrachten können. Für die lineare Regression von **x auf y** werden die Regressionskonstanten a_{xy} und b_{xy} benötigt. Zur Ermittlung dieser Konstanten bedarf es keiner erneuten Berechnung. Es reicht, in den Formeln für **a** und **b** <u>konsequent</u> **x mit y** zu vertauschen.

Aufgabe:

- Leiten Sie die Koeffizienten a_{xy} und b_{xy} her.

17. Kontrollrechnung für den Korrelationskoeffizienten r:

Kovarianz	Summe der Produkte der Abweichungen der einander zugeordneten Beobachtungswerte x_i und y_i von ihren arithmetischen Mittelwerten dividiert durch die um 1 verminderte Anzahl der Beobachtungswerte bei einer zweidimensionalen Häufigkeitsverteilung.
	$$s_{xy} = \frac{1}{n-1} \sum_{i=1}^{n} (x_i - \bar{x}).(y_i - \bar{y})$$
	DIN 55 350 Teil 23
Korrelationskoeffizient	Kovarianz dividiert durch das Produkt der Standardabweichungen beider Merkmale. Der Korrelationskoeffizient ist ein Maß für den linearen Zusammenhang zwischen den beiden Merkmalen bei einer zweidimensionalen Häufigkeitsverteilung. Sein Wertebereich erstreckt sich von -1 bis +1. Ist er einer dieser beiden Grenzen gleich, dann besteht eine lineare Beziehung Y = aX + b zwischen diesen beiden Merkmalen.
	$$r = \frac{s_{xy}}{s_x s_y} = \frac{\sum_{i=1}^{n}(x_i - \bar{x}).(y_i - \bar{y})}{\sqrt{\sum_{i=1}^{n}(x_i - \bar{x})^2 . \sum_{i=1}^{n}(y_i - \bar{y})^2}} \qquad DIN\ 55\ 350\ Teil\ 23$$

Die neue **optimale** Regressionsgerade $\hat{x}$ (x auf y) ist nicht identisch mit vorherigen $\hat{y}$ (y auf x). Da aber in beiden Fällen der Fehler minimiert wurde, ist immerhin der *Korrelationskoeffizient* **r** in beiden Fällen identisch (einfach nachprüfbar durch konsequentes Vertauschen von x und y in der Formel für den Korrelationskoeffizienten).

$$r_{yx} = r_{xy} = r = \frac{s_{xy}}{s_x \cdot s_y}$$ (siehe auch DIN 55 350 Teil 23).

Nach all dieser Theorie soll nun die Probe an einem einfachen Beispiel durchgeführt werden.

Beispiel:

Angenommen, es wurden für (n=) drei Merkmalswerte x_i die drei zugehörigen Merkmalswerte y_i ermittelt. Zur Beantwortung der Frage, ob ein linearer Zusammenhang zwischen den Merkmalen X und Y angenommen werden kann, werden die Werte zunächst tabellarisch gelistet.

n	x_i	y_i	$\hat{y}_i$	e_i
1	2	4		
2	4	5		
3	6	6		

Einsetzen der Werte x_i und y_i in die Formel für a ergibt:

$$a = \frac{\sum\limits_{i=1}^{n} x_i \cdot \sum\limits_{i=1}^{n} x_i \cdot y_i - \sum\limits_{i=1}^{n} x_i^2 \cdot \sum\limits_{i=1}^{n} y_i}{\left(\sum\limits_{i=1}^{n} x_i\right)^2 - n \cdot \sum\limits_{i=1}^{n} x_i^2} \Rightarrow \frac{(2+4+6)\cdot(2\cdot4+4\cdot5+6\cdot6)-(2^2+4^2+6^2)\cdot(4+5+6)}{(2+4+6)^2-3\cdot(2^2+4^2+6^2)}$$

$$a_{yx} = \frac{12\cdot64-56\cdot15}{144-3\cdot56} = 3$$

Ganz analog erhält man für die Steigung $b_{yx} = 0,5$, so dass sich die optimale Gerade $\hat{y}_i$ ergibt zu: $\hat{y}_i = 0,5\,x_i + 3$.

Einsetzen der $\hat{y}_i$ in die Fehlergleichung $e_i = \hat{y}_i - y_i$ vervollständigt die Tabelle:

n	x_i	y_i	$\hat{y}_i$	e_i
1	2	4	4	0
2	4	5	5	0
3	6	6	6	0

Fazit: Alle Merkmalswerte liegen auf der optimalen Geraden. Die Abweichung e_i jedes Merkmalswertes von der optimalen Geraden ist **null**.

Achtung: Die Regressionsfunktion gibt <u>keine</u> Auskunft über die *Ausgeprägtheit* des Zusammenhangs. Zur Beantwortung dieser Frage wird der Korrelationskoeffizient bestimmt.

Der Korrelationskoeffizienten r nach Pearson-Bravais ist ein Maß für die Qualität der optimalen Geraden und ist damit eine Kenngröße der Streuung.

$$r = \frac{\sum\limits_{i=1}^{n}(x_i - \bar{x}).(y_i - \bar{y})}{\sqrt{\sum\limits_{i=1}^{n}(x_i - \bar{x})^2.\sum\limits_{i=1}^{n}(y_i - \bar{y})^2}} \qquad (18)$$

Aufgabe:

- Zeigen Sie die Gültigkeit der Beziehung: $r_{yx} = r_{xy} = r$

Liegen, so wie im obigen Beispiel, *alle* Beobachtungswerte auf einer Geraden, dann gilt $|r| = 1$. Bei einer ansteigenden Geraden gilt $r = +1$, bei einer fallenden Geraden gilt $r = -1$.

Für unabhängige Merkmale X und Y gilt $r = 0$.

Achtung: Die Umkehrung dieser Aussage ist nicht zulässig. Aus $r = 0$ kann nicht gefolgert werden, dass X und Y unabhängig sind!

Auch macht der Korrelationskoeffizient *keine* Aussage über das Maß der Eindeutigkeit eines Zusammenhanges. Er deutet an, wie ausgeprägt ein der Tendenz nach linearer Zusammenhang ist. Genauso wenig können Aussage über die Proportionalität der Merkmalswerte getroffen werden!

In der Regel werden nicht alle Merkmalswerte auf der optimalen Geraden liegen. Daher modifizieren wir letztes Beispiel ein klein wenig:

Beispiel:

n	x_i	y_i	$\hat{y}_i$	e_i
1	2	4	4,167	0,167
2	4	5	4,667	-0,333
3	6	5	5,167	0,167

Unter Verwendung der Formeln für die Koeffizienten a_{yx} und b_{yx} erhalten wir sofort:

$$a_{yx} = 3{,}667 \text{ und } b_{yx} = 0{,}25.$$

Die Werte für e_i ergeben sich direkt aus $e_i = \hat{y}_i - y_i$.

69

r berechnet sich zu $r = 0,866$ und das Bestimmtheitsmaß zu $r^2 = 0,75$.

Die Merkmalswerte liegen nicht auf der optimalen Geraden, denn zu jedem Merkmalswert y_i gibt es einen Fehler $e_i \neq 0$.

18. Bestimmtheitsmaß: Standardfehler

Das **Bestimmtheitsmaß** r^2 leitet sich aus dem Korrelationskoeffizienten r ab und gibt den Anteil der durch die unabhängige Variable X bzw. durch die Regressionsfunktion erklärten Varianz an der Gesamtvarianz von Y an. r^2 setzt eine in den Regressionskoeffizienten lineare Funktion voraus und kann nur zu einer gegebenen Regressionsfunktion bestimmt werden.

Oder anders ausgedrückt: Das Bestimmtheitsmaß gibt an, wie gut der Zusammenhang zwischen den beiden Merkmalen durch die Regressionsfunktion beschrieben wird.

Bedeutung von r^2:

$r^2 = 0{,}75$ bedeutet, 25% bleibt als unaufgeklärter Rest übrig, 75% werden durch die Untersuchung erfasst und aufgeklärt.

Ein bedeutender und oft verwendeter Vorteil der Regression besteht darin, dass aufgrund des minimalen Fehlers optimal auf Merkmalswerte außerhalb des experimentell zugänglichen Bereiches geschätzt (extrapoliert) werden kann.

Häufig wird auch anstelle des Bestimmtheitsmaßes der Standardfehler angegeben:

Standardfehler $s_e = \sqrt{1 - r^2}$ (19)

Eine sprachlich gut nachvollziehbare Folge ist, dass, wenn $r^2 = 1$ (vollständige Korrelation) ist, der Standardfehler (auch Standardschätzfehler) $s_e = 0$ folgt. Es liegt kein Fehler vor, denn es gibt keine Abweichungen von der optimalen Geraden.

19. Zeitreihenanalyse und Trendermittlung

Untersucht man den Verlauf der Beobachtungswerte (Beispiele: Stromverbrauch einer Gemeinde, Konsumverhalten, Wasserverbrauch) für verschiedene *Zeit*punkte bzw. *Zeit*intervalle, spricht man von Zeitreihenanalyse. Zu unterscheiden sind in Zeitreihen langfristige Entwicklungstendenzen (Trends) und kurzfristig auftretende Schwankungen der Merkmalswerte, die periodisch oder zyklisch auftreten. Diese Trends und periodische Schwankungen werden in der Regel noch von unregelmäßigen Restschwankungen überlagert.

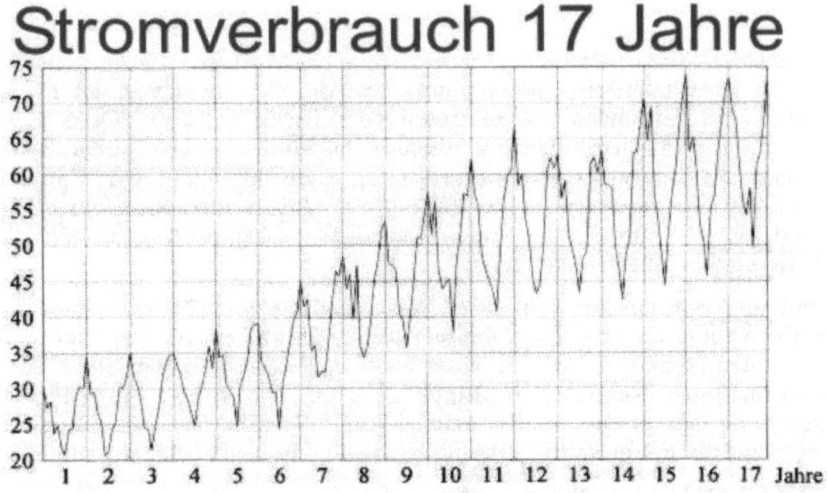

Zeitreihen beschreiben somit *Merkmalswerte als Funktion der Zeit.* Stellt sich die Frage, ob das sinnvoll ist, denn Merkmalswerte können sehr vielen unterschiedlichen Einflüssen unterliegen. Unter der (zunächst durch nichts begründeten) Annahme, dass diese unbekannten Einflüsse stark mit der Zeit korreliert sind, kann die Zeit als Hilfsvariable betrachtet und stellvertretend für alle tatsächlichen Variablen verwendet werden.

20. Gleitender Durchschnitt

Will man den Trend einer Zeitreihe ermitteln, müssen irreguläre und kurzfristige Einflüsse eliminiert werden. Das geschieht am einfachsten durch Bestimmung des gleitenden Durchschnitts.

Beim gleitenden Durchschnitt wird die Zeitreihe geglättet, indem die Merkmalswerte jeweils durch einen Mittelwert ersetzt werden, der aus den angrenzenden Merkmalswerten gebildet wird. Je nach dem, wie viele (k-)Merkmalswerte zur Mittelwertbildung herangezogen werden, spricht man von k-ter Ordnung des Durchschnitts. *Unterschiedlich aufwendig ist die Behandlung von geraden und ungeraden Ordnungen.*

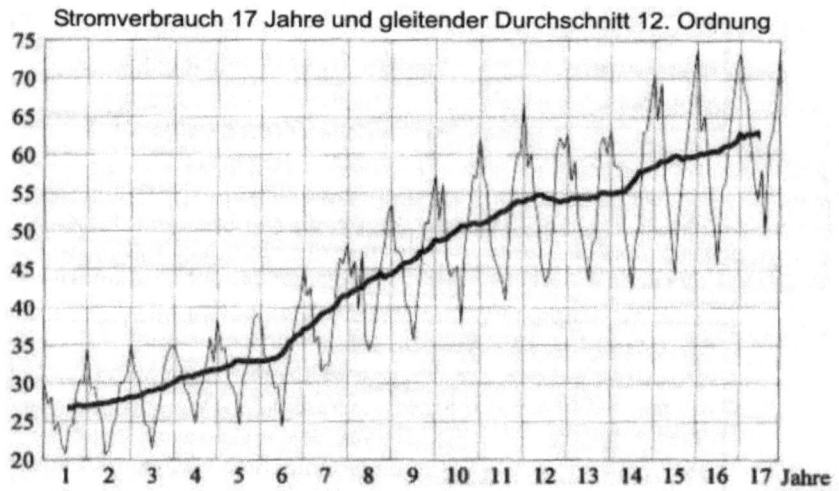

Stromverbrauch 17 Jahre und gleitender Durchschnitt 12. Ordnung

Achtung: Weil in Zeitreihen „t" als Variable fungiert, sei künftig „x(t)" die abhängige Variable!

Der **gleitende Durchschnitt ungerader Ordnung** wird gebildet (n = Anzahl Merkmalswerte):

$$\overline{xk}_t = \frac{1}{k}\left(x_{t-\frac{k-1}{2}} + x_{t-\frac{k-3}{2}} + ... + x_t + ... + x_{t+\frac{k-3}{2}} + x_{t+\frac{k-1}{2}}\right) = \frac{1}{k}\sum_{i=t-\frac{k-1}{2}}^{t+\frac{k-1}{2}} x_i \quad \text{für } t = \frac{k+1}{2},...,n-\frac{k-1}{2} \quad (20)$$

Hat man den ersten gleitenden Durchschnitt k-ter Ordnung berechnet, können alle weiteren nach folgender Formel vereinfacht berechnet werden:

$$\overline{xk}_{t+1} = \overline{xk}_t + \frac{1}{k}\left(x_{t+\frac{k+1}{2}} - x_{t-\frac{k-1}{2}}\right) \quad \text{für } t = \frac{k+1}{2},...,n-\frac{k-1}{2} \quad (21)$$

Beispiel eines gleitenden Durchschnitts ungerader Ordnung (k=3):

Periode	Zeitreihenwert	Gleitender Durchschnitt nach (20)	Gleitender Durchschnitt nach (21)
1	10		
2	8	$\frac{10+8+12}{3} = \frac{30}{3} = 10$	$\frac{10+8+12}{3} = \frac{30}{3} = 10$
3	12	$\frac{8+12+12}{3} = \frac{32}{3} = 10,7$	$10 + \frac{1}{3}(12\text{-}10) = 10,7$
4	12	$\frac{12+12+10}{3} = \frac{34}{3} = 11,3$	$10,7 + \frac{1}{3}(10\text{-}8) = 11,3$
5	10	$\frac{12+10+14}{3} = \frac{36}{3} = 12$	$11,3 + \frac{1}{3}(14\text{-}12) = 12$
6	14	$\frac{10+14+14}{3} = \frac{38}{3} = 12,7$	$12 + \frac{1}{3}(14\text{-}12) = 12,7$
7	14	$\frac{14+14+12}{3} = \frac{40}{3} = 13,3$	$12,7 + \frac{1}{3}(12\text{-}10) = 13,3$
8	12	$\frac{14+12+16}{3} = \frac{42}{3} = 14$	$13,3 + \frac{1}{3}(16\text{-}14) = 14$
9	16		

Man ersetzt den Merkmalswert x_i durch den berechneten arithmetischen Mittelwert, der in diesem Falle aus den Merkmalswerten unmittelbar vor- bzw. nach dem betreffenden Merkmalswert und dem Merkmalswert selber gebildet wird. Offensichtlich geht das für k = 3 für den ersten und den letzten Merkmalswert nicht, so dass es für diese Werte keinen gleitenden Mittelwert gibt. Verallgemeinert kann man für die ersten $\frac{k-1}{2}$ sowie die letzten $\frac{k-1}{2}$ Merkmalswerte keinen gleitenden Mittelwert bilden.

Der **gleitende Durchschnitt gerader Ordnung** wird gebildet (n = Anzahl Merkmalswerte):

$$\overline{xk}_t = \frac{1}{k}(\frac{1}{2}x_{t-\frac{k}{2}} + \sum_{i=t-\frac{k}{2}+1}^{t+\frac{k}{2}-1} x_i + \frac{1}{2}x_{t+\frac{k}{2}}) \qquad \text{für } t = \frac{k}{2}+1,...,n-\frac{k}{2} \qquad (22)$$

Einfacher geht es, berücksichtigt man den ersten und den letzten dieser k+1-Werte <u>nur zur Hälfte</u>! Damit folgt für t = 3 und k = 4 aus Gleichung (22) durch einfaches Einsetzen:

$$\overline{x4}_3 = \frac{1}{4}(0,5*10+8+12+12+0,5*10) = 10,5$$

Hat man den ersten gleitenden Durchschnittswert berechnet, kann die Berechnung der anderen Durchschnittswerte gemäß Formel 23 wie folgt berechnet werden:

$$\overline{xk}_{t+1} = \overline{xk}_t + \frac{1}{2k}(x_{t+\frac{k}{2}+1} + x_{t+\frac{k}{2}} - x_{t-\frac{k}{2}+1} - x_{t-\frac{k}{2}}) \quad \text{für } t = \frac{k}{2}+1,...,n-\frac{k}{2} \qquad (23)$$

Übungsbeispiel:

- Berechnen Sie den gleitenden Durchschnitt für das obige Beispiel. Wählen Sie k = 6.

21. Trendfunktion

Anmerkung: Häufig ist ein Trend *nicht*linear, so dass die Methoden der *linearen* Regression nicht ausreichen. Verwendung finden in der Regel exponentielle und logarithmische Trendfunktionen. Die erarbeiteten Methoden lassen sich jedoch leicht übertragen.

Trends sind häufig von periodischen Schwankungen überlagert. Zur Bestimmung der periodischen Schwankungen ist es hilfreich zu wissen, ob es sich um Schwankungen mit fester Periode handelt und in welcher Weise (additiv, multiplikativ) der Trend durch die Schwankungen überlagert wird.

Die nachfolgende Grafik zeigt Beispiele für Trends, die von Schwankungen additiv (linke Grafik) oder multiplikativ (rechte Grafik) überlagert sind. Deutlich sichtbar ist die mit der Zeit größer werdende Amplitude der Schwankung bei der multiplikativen Überlagerung.

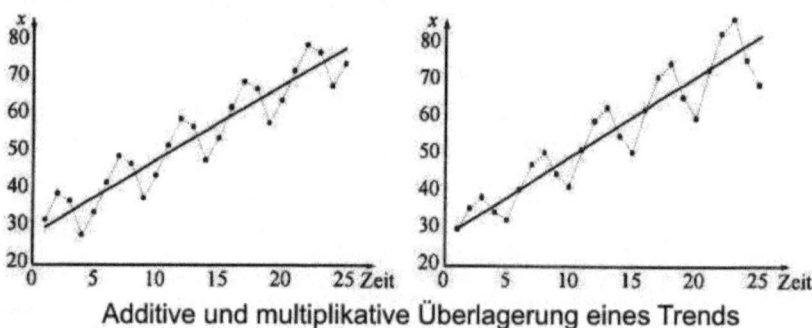

Additive und multiplikative Überlagerung eines Trends

Im folgenden Beispiel wird davon ausgegangen, dass die Schwankungsperiode stabil ist und der Zeitreihenwert *additiv* überlagert wird. Betrachtet

78

wird ein Zeitraum, der **P** Perioden umfasst. Jede Periode besteht aus **q** Unterperioden. Betrachtet werden also **q*P** Zeiträume.

1				2				3				P				Periode
1	2	... j	... q	1	2	... j	... q	1	2	... j	... q	1	2	... j	... q	Unter-periode

Die (lineare) Trendfunktion lässt sich unter Verwendung aller Überlegungen, die zur Bestimmung der linearen Regressionsgleichung angestellt wurden (Minimierung der Abweichungen etc.), in Form einer optimalen Geradengleichung schreiben, die von einer Schwankung überlagert wird:

$$y_{p,j} = \hat{y}_{p,j} + s_{p,j}, \quad p = \text{Periode}, \tag{24}$$

wobei $y_{p,j}$ den Zeitwert, $\hat{y}_{p,j}$ den Trendwert und $s_{p,j}$ die Schwankungskomponente bezeichnet.

Der Trendwert entspricht somit dem linearen Anteil der gesamten Kurve.

Zur Berechnung der Schwankung lässt sich Gleichung (24) nach der Schwankung $s_{p,j}$ umstellen:

$$s_{p,j} = y_{p,j} - \hat{y}_{p,j} \quad (\text{=Differenz zwischen Reihenwert und Trendwert}) \tag{25}$$

Zur Eliminierung des Einflusses der irregulären Schwankungen wird zudem aus den *Differenzen zwischen Reihenwert und Trendwert aller glei-chen Unterperioden* (=alle Werte zwischen zwei Schwankungsextrema) das arithmetische Mittel bestimmt.

$$s_j = \frac{1}{P}\sum_{p=1}^{P}(y_{p,j} - \hat{y}_{p,j}) \quad \text{für } j = 1,\ldots, q \tag{26}$$

Beispiel:

Folgende Tabelle enthält die Bußgeldeinnahmen einer größeren Behörde. Für den Trend werden <u>gleitende</u> Durchschnitte 3. Ordnung bestimmt. Die Tabelle zeigt die Berechnung der additiven Schwankungskomponenten. Zu beachten ist, dass aufgrund der geringen Fallzahlen nicht für alle Perioden gleitende Durchschnitte und damit auch nicht die Differenz s_{pj} berechnet wurden.

Wie aus der nachfolgenden Tabelle ersichtlich, finden für die Berechnung von s_p in der 1. und 3. Periode zwei Perioden ($P = 2$) und für die 2. Periode eine Periode mit $P = 3$ Anwendung.

Tabelle: Gleitender Durchschnitt

p	j	$t_{n,j}=$ t_i	$y_{p,j}=y_i$	Gleitender Durchschnitt 3. Ordnung $\hat{y}_{p,j}$	$y_{p,j}-\hat{y}_{p,j}$ für die Tertiale		
					1.	2.	3.
1	1	1	150000€				
	2	2	320000€	310000€		10000€	
	3	3	460000€	420000€			40000€
2	1	4	480000€	530000€	-50000€		
	2	5	650000€	630000€		20000€	
	3	6	760000€	730000€			300000€
3	1	7	780000€	820000€	-40000€		
	2	8	920000€	920000€		0	
	3	9	1060000€				
			$\displaystyle\sum_{p=1}^{P}(y_{p,j}-\hat{y}_{p,j})$		-90000€	30000€	70000€
			$s_j=\dfrac{1}{P}$ $\displaystyle\sum_{p=1}^{P}(y_{p,j}-\hat{y}_{p,j})$		-45000€	10000€	35000€

Ganz analog wird die multiplikative Schwankung berechnet, die in der

Form: $s_{p,j} = y_{p,j} / \hat{y}_{p,j}$ (27)

berücksichtigt wird. Auf diese Schwankungen der Zeitreihenanalyse wird hier nicht weiter eingegangen.

Allerdings ist es manchmal geschickter, statt des „gleitenden Durchschnitts" eine „lineare Regressionsgerade" zur Erstellung einer Prognose zu verwenden.

Beispiel:

Wir verwenden Gleichung 24: $y_{p,j} = \hat{y}_{p,j} + s_{p,j}$, p=Periode, und die gleichen Werte wie vorher:

P	j	$t_{n,j} = t_i$	$y_{p,j} = y_i$	Optimale Gerade $\hat{y} = 106000x + 90000$	$y_{p,j} - \hat{y}_{p,j}$ für die Tertiale 1.	2.	3.
	1	1	150000€	196000	-46000€		
1	2	2	320000€	302000		18000€	
	3	3	460000€	408000			52000€
	1	4	480000€	514000	-34000€		
2	2	5	650000€	620000		30000€	
	3	6	760000€	726000			34000€
	1	7	780000€	832000	-52000€		
3	2	8	920000€	938000		-18000€	
	3	9	1060000€	1044000			16000€
		$\sum_{p=1}^{P}(y_{p,j} - \hat{y}_{p,j})$			-132000€	30000€	102000€
		$s_j = \dfrac{1}{P} \sum_{p=1}^{P}(y_{p,j} - \hat{y}_{p,j})$			-44000€	10000€	34000€

s_j ist der mittlere Schwankungswert der j-ten Periode. P = 3.

Statt des gleitenden Durchschnitts werden die Werte der optimalen Geraden, die mittels der linearen Regression aus den y_i-Werten ermittelt wurden, in die Spalte „optimale Gerade", eingetragen und in die Spalten für die Tertiale die entsprechenden Differenzen.

So errechnet sich zum Beispiel der y-Wert der 4. Periode, 1. Unterperiode wie folgt:

1. Berechnung des $y_{4,1}$-Wertes der optimalen Geraden:

$$\hat{y}_{4,1} = 1060000€ + 90000€ = 1150000€$$

2. Durch Addition der Schwankungskomponente s_j folgt der Endwert:

$y_{4,1} = 1150000€ - 44000€ = 1106000€.$

Die Einnahmen aus Bußgeldern der 4. Periode 1. Unterperiode werden gegenüber der 3. Periode 3. Unterperiode um 46000€ steigen.

Aufgabe:

- Bestimmen Sie die Optimale Gerade und rechnen Sie die Werte in der Tabelle nach.

22. Einfache Prognosetechniken

Unter Prognose versteht man in der Statistik die Vorhersage eines Merkmalswertes. In der Regel sind die Prognosen in die Zukunft gerichtet. Man unterscheidet qualitative und quantitative Prognosen. Während die qualitativen Prognosen Vorhersagen über Entwicklungstendenzen machen, werden bei einer quantitativen Prognose Werte oder Wertebereiche von Merkmalswerten vorhergesagt.

Beispiele:

- Qualitativ ist die Aussage, dass der Wert einer Aktie sinken wird.
- Eine quantitative Aussage besteht darin, dass der Wert der Aktie um 20% fallen wird.

Von einer **unbedingten Prognose** spricht man, wenn der Merkmalswert *nur von der Zeit als Einflussgröße abhängt* bzw. sich alle anderen Einflussgrößen und der Variablen „Zeit" subsumieren lassen. Basis einer unbedingten Prognose ist im Allgemeinen eine Zeitreihenanalyse der vergangenen Entwicklung.

Naive Prognoseverfahren

In der Praxis sehr häufig verwendet ist das naive Prognoseverfahren. Es ist sehr oft ausreichend und hat dabei den Vorteil, besonders einfach anwendbar zu sein. Unterstellt man zum Beispiel, dass der Merkmalswert in der Zeit einen konstanten Verlauf nimmt, ist der Prognosewert y^*_{t+1} einfach gleich dem letzten Merkmalswert y_t in der Periode t.

$$y^*_{t+1} = y_t \hspace{4cm} (28)$$

Beispiel: Bei der Grundsteuer wird der Haushaltsansatz 2007 unverändert fortgeführt.

Berücksichtigt man zunehmende oder abnehmende Entwicklungstendenzen, kann angenommen werden, dass die Änderungen zwischen den letzten beiden Beobachtungswerten auch für die Zukunft gelten:

$$y^*_{t+1} = y_t + (y_t - y_{t-1}) \tag{29}$$

oder, unter Verwendung der letzten *relativen Änderung*

$$y^*_{t+1} = y_t * \frac{y_t}{y_{t-1}} \tag{30}$$

Beispiel: Bei der Grundsteuer B wird der Haushaltsansatz entsprechend den Erfahrungen jährlich um 500.000 € erhöht.

23. Trendextrapolation auf Basis eines Zeitreihen-modells

Wir nehmen Bezug auf eine Trendfunktion $\hat{y} = f(t)$, wie wir sie in der Trendanalyse mit Daten aus der Vergangenheit schon berechnet haben. Über die Funktionsgleichung erhalten wir dann die Trendprognose $y^*{}_t$.

Sind außer dem Trend noch periodische Schwankungen ermittelt worden, erfolgt die Prognose selbst in zwei Schritten:

1. Schritt: Durchführung einer Trendprognose durch Einsetzen des entsprechenden Zeitwertes.

2. Schritt: Überlagerung des Trendwertes mit der Schwankungskomponente des jew. Zeitraumes.

In der Praxis weit verbreitet zur Erstellung kurzfristiger Prognosen ist das Verfahren der exponentiellen Glättung erster und höherer Ordnung. Bei der exponentiellen Glättung erster Ordnung handelt es sich hier um eine Ermittlung des gesuchten Merkmalswertes/Prognosewertes für die Periode *t+1* als *gewogenes arithmetisches Mittel* aus dem Merkmalswert der Periode t und dem für diese Periode früher bestimmten Prognosewert $\hat{y}_{t-1}$.

Achtung: Dieses Verfahren ist nur anwendbar bei Zeitreihen, die keinen Trend und keine stark ausgeprägten periodischen Schwankungen aufweisen.

$$y^*{}_{t+1} = \hat{y}_t = \alpha y_t + (1-\alpha)\hat{y}_{t-1} = \alpha y_t + (1-\alpha)y^*{}_t, \text{ mit } 0<\alpha<1 \qquad (31)$$

Der exponentiell geglättete Wert $\hat{y}_t$ stellt ein gewogenes arithmetisches Mittel aller Vergangenheitswerte y_t, y_{t-1}, y_{t-2},... dar; α muss passend *gewählt* werden.

Aufgabe:

- Berechnen Sie den Prognosewert y^*_{t+1} Verwenden Sie die Bußgeldeinnahmen aus Beispiel „Gleitender Durchschnitt" und ignorieren Sie die Tatsache, dass die Werte offensichtlich einen Trend aufweisen. Wählen Sie α = 0,7 und als Anfangswert den Trendwert y^*_0 = 900.000 €. Bedeutung?

Einschub: *Warum wird die Glättung: „Exponentielle Glättung" genannt?*

Antwort: Weil sich hinter der Formel für die Berechnung einer Prognose nach der exponentiellen Glättung ein gewogenes arithmetisches Mittel aus allen Vergangenheitswerten verbirgt!

Wird für den exponentiell geglätteten Wert der Periode t in die Bestimmungsgleichung: $\hat{y}_{t-1} = \alpha y_{t-1} + (1-\alpha)\hat{y}_{t-2}$ eingesetzt, und entsprechend auch für $\hat{y}_{t-2}$; $\hat{y}_{t-3}$;..., $\hat{y}_1$; ergibt sich :

$$\hat{y}_t = \alpha y_t + (1-\alpha)\hat{y}_{t-1} = \alpha y_t + (1-\alpha)(\alpha y_{t-1} + (1-\alpha)\hat{y}_{t-2}) = \alpha y_t + (1-\alpha)\alpha \hat{y}_{t-1} + (1-\alpha)^2 \hat{y}_{t-2}$$

$$= \alpha y_t + (1-\alpha)\alpha \hat{y}_{t-1} + (1-=\alpha)^2 (\alpha y_{t-2} + (1-\alpha)\hat{y}_{t-3})$$

$$= \alpha y_t + (1-\alpha)\alpha \hat{y}_{t-1} + (1-\alpha)^2 \alpha y_{t-2} + (1-\alpha)^3 \hat{y}_{t-3})$$

Die Größe der Gewichte $(1-\alpha)^i$ nimmt mit dem Exponenten i ab. Daher „exponentielle Glättung".

Die folgende Tabelle fasst die Auswirkung von α auf den Prognosewert y*$_{t+1}$ zusammen:

	Großes α	Kleines α
Berücksichtigung von Vergangenheitswerten	Gering	Stark
Berücksichtigung neuester Werte	Stark	Gering
Glättung der Zeitreihe	Gering	Stark
Anpassung an Niveauverschiebungen	Schnell	Langsam

Die praktische Bedeutung der exponentiellen Glättung besteht darin, dass für fortlaufende Prognosen nur der jeweils letzte Prognosewert gespeichert werden muss. Anwendbar zum Beispiel bei Lagerhaltung mit vielen Lagerpositionen, bei denen nur noch eine geringe Anzahl der zu speichernden Vergangenheitswerte erforderlich ist.

Weist die Zeitreihe einen Trend auf, muss die exponentielle Glättung 2. Ordnung verwendet werden, weil die Prognosewerte <u>systematisch unterschätzt</u> werden.

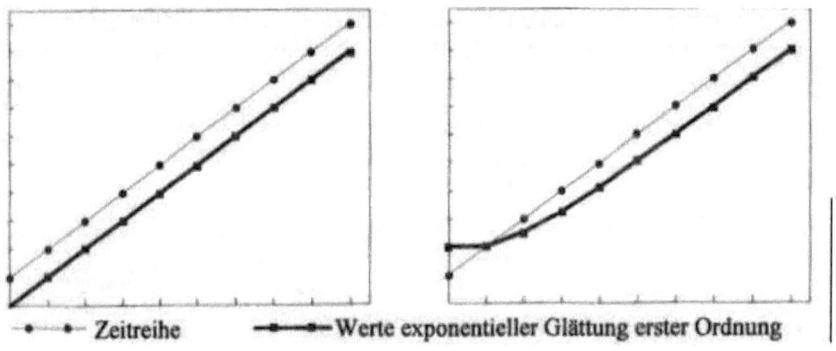

- • - Zeitreihe   - • - Werte exponentieller Glättung erster Ordnung

Gegeben sind Zeitreihenwerte x_t und die zugehörigen mit exponentieller Glättung 1. Ordnung bestimmten Werte $\hat{y}_t$. Die Werte der exponentiellen Glättung 2. Ordnung erhält man dann:

$$\hat{\hat{y}}_t = \alpha \hat{y}_t + (1-\alpha)\hat{\hat{y}}_{t-1} \tag{32}$$

Die Trendanalyse ergibt sich damit wie folgt:

$$y*_{t+1} = 2\hat{y}_t - \hat{\hat{y}}_{t-1} = \hat{y}_t + (\hat{y}_t - \hat{\hat{y}}_{t-1}). \tag{33}$$

Nachfolgende Grafik verdeutlicht die Richtigkeit der Formel (33):

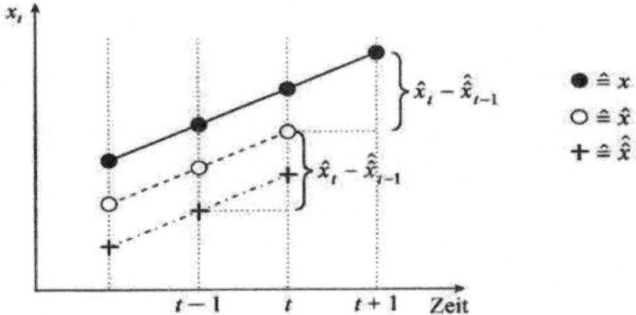

Exponentielle Glättung und linearer Trend

Bei exakt linearem Trend liegen die Werte der Zeitreihe auf einer Geraden (ausgefüllte Kreise). Werden diese Werte geglättet, liegen sie systematisch unterhalb der Zeitreihenwerte (offene Kreise). Glättet man diese Werte erneut, haben die Werte der 2. Glättung den gleichen Abstand zu den Werten der 1. Glättung wie die Werte der ersten Glättung zu den Werten der Zeitreihe. Addiert man nun diesen ermittelten Abstand zu den Werten der 1. Glättung erhält man exakte Prognosewerte 2. Ordnung.

Aufgabe:

- Beweisen Sie diese Behauptung am Beispiel der Bußgeldeinnahmen. Füllen Sie die leeren Spalten mit den berechneten Werten. Anfangswerte $\hat{y}_0 = 120000$; $\hat{\hat{y}}_0 = 105000$, $\alpha = 0,3$

t	y_t /€	$\hat{y}_t$ /€	$\hat{\hat{y}}_t$ /€	y^*_{t+1} /€
1	150000€			
2	320000€			
3	460000€			
4	480000€			
5	650000€			
6	760000€			
7	780000€			
8	920000€			
9	1060000€			

(Lösungshilfe 1. Zeile:

$\hat{y}_1 = 0,3*150000€ + 0,7*120000€ = 129000€$; $\hat{\hat{y}}_1 = 0,3*129000€ + 0,7*105000€ = 112200€$; damit ergibt sich: $y^*_{t+1} = 2*129000€ - 105000€ = 153000€$)

24. Die Welt ist nicht nur metrisch

Wären alle Merkmalswerte metrisch, könnten wir uns nun bequem zurücklegen und wären fertig. Leider ist die Welt nicht nur metrisch, wie wir inzwischen wissen. Und ist *nur ein einziger Merkmalswert* _ordinal_, hilft uns die ganze bisher entwickelte Mathematik nicht weiter (weil die Merkmalswerte einfach nicht mehr summiert werden können).

Beispiel:

Studenten	A	B	C	D	E
VR	14	2	10	6	4
Mathe	1	15	8	10	14

Frage: Gibt es einen Zusammenhang?

Versuch, durch Festlegung einer Rangfolge eine Systematik zu entdecken.

Student	A(14)	C(10)	D(6)	E(4)	B(2)
Rangfolge VR	1	2	3	4	5
Rangfolge Mathe	1	2	3	4	5
Student	B(15)	E(14)	D(10)	C(8)	A(1)

Antwort: Ja. Die grafische Aufbereitung zeigt: „Talent in VR" korreliert zu „Antitalent in Mathe".

25. Der Rangkorrelationskoeffizient R nach Spearman

Durch einen Trick lässt sich ein Maß für die Ausgeprägtheit eines Zusammenhanges bestimmen. Man ersetzt die Beobachtungen $(x_i; y_i)$ durch *Rangzahlenpaare* $(r_i; s_i)$, die als metrisch aufgefasst und durch fortlaufende Nummerierung der x- bzw. y-Werte ihrer Größe nach erhalten werden. Für dieses Rangzahlenpaar wird der Rangkorrelationskoeffizient R nach Spearman berechnet:

$$R = 1 - \frac{6}{n^3 - n} \cdot \sum_{i=1}^{n} (r_i - s_i)^2 \tag{32}$$

R ist ein Maß für die Ausgeprägtheit des Zusammenhanges.
Es gilt $-1 \leq R \leq +1$.

Spearmanscher Rangkorrelations- koeffizient	Gewöhnlicher Korrelationskoeffizient R für die Rangzahlen r und s der Werte von Zufallsvariablen. $$R = 1 - \frac{6}{n^3 - n} \cdot \sum_{i=1}^{n} (r_i - s_i)^2$$ *DIN 13 303 Teil 1*

Beispiel:

Es soll untersucht werden, ob es bei Studenten einen Zusammenhang zwischen den Begabungen zum Verwaltungsrecht und zur Mathematik gibt. Dazu werden die Klausuren in den jeweiligen Fächern von 5 Studenten ausgewertet.

Student	Punkte VR	Rang	Punkte Mathe	Rang	$\mid r_i - s_i \mid$	$(\mid r_i - s_i \mid)^2$
A	14	5	1	1	4	16
B	2	1	15	5	4	16
C	10	4	8	2	2	4
D	6	3	10	3	0	0
E	4	2	14	4	2	4
n = 5					$\sum$	40

Einsetzen in die Gleichung für den Rangkorrelationskoeffizienten ergibt:

$$\mathbf{R} = 1 - \frac{6}{n^3 - n} \cdot \sum_{i=1}^{n} (r_i - s_i)^2 = 1 - \frac{6}{125 - 5} \cdot 40 = 1 - 2 = \mathbf{-1}$$

Es besteht somit ein perfekter Zusammenhang zwischen der Befähigung zur Mathematik und den Leistungen in Verwaltungsrecht. Das „-„Zeichen signalisiert, dass der Zusammenhang gegenläufig interpretiert werden muss: Große mathematische Begabung geht mit geringem Wissen in Verwaltungsrecht einher und umgekehrt.

Aufgabe:

- Beweisen Sie, dass der Rangkorrelationskoeffizient R und der Korrelationskoeffizient r unter den Annahmen der Rangverteilung identisch sind.

- Hinweise: $\sum\limits_{i=1}^{n} x_i = \sum\limits_{i=1}^{n} y_i = \sum\limits_{i=1}^{n} i = \dfrac{n}{2}*(n+1)$;

- $\sum\limits_{i=1}^{n} x_i^2 = \sum\limits_{i=1}^{n} y_i^2 = \sum\limits_{i=1}^{n} i^2 = \dfrac{1}{6}*n*(n+1)*(2n+1)$; $\bar{x} = \bar{y}$

Als nächstes muss die Frage beantwortet werden, ob das berechnete **R** bzw. der Zusammenhang überhaupt eine **statistische Signifikanz** besitzt, oder ob der Zusammenhang rein zufällig ist. Dazu wird zunächst die Hypothese **H₀** formuliert, die besagt, dass der berechnete Zusammenhang ein zufälliger ist („es besteht kein signifikanter Zusammenhang"). Sollte diese Annahme abzulehnen sein, tritt die Hypothese **H₁** in Kraft, die besagt, dass der Zusammenhang nicht zufällig ist.

Entscheidend ist, dass für die Hypothese **H₀** ein Zufallshöchstwert von **R** gilt, der nicht überschritten werden darf. Der Zufallshöchstwert **R_theor** hängt ab vom Umfang **n** der Stichprobe (bzw. der Grundgesamtheit) und vom gewählten Signifikanzniveau **α**. In der Literatur üblich sind

$$\alpha = 1\% \text{ und } \alpha = 5\%.$$

Dem Anhang entnehmen wir, dass für α = 5% (einseitige Fragestellung) und n = 5 folgt: R_theor = 0,90. Dieser Wert darf nicht überschritten werden, wenn es sich um einen Zufall handelt (bei einer Irrtumswahrscheinlichkeit von 5%). Berechnet wurde aber: R = 1.

Damit ist H_0 („es handelt sich um einen Zufall") abzulehnen und H_1 („es handelt sich um keinen Zufall") tritt in Kraft. Die berechnete Abhängigkeit ist auf einem Signifikanzniveau von 5% signifikant.

26. Nominale Werte

Der letzte Fall, der betrachtet werden muss, ist der, dass mindestens eine Variable oder ein Merkmalswert *nominal* ist. Nominal bedeutet, dass nicht einmal eine Rangfolge definiert werden kann.

Ziel der folgenden Seiten ist, eine Abhängigkeit der Merkmale voneinander zu bestimmen und zweitens zu prüfen, ob die rechnerisch bestimmte Abhängigkeit überhaupt signifikant ist.

Beispiel: Angenommen, es würde in einer Schule mit 540 Schülerinnen und Schülern darüber abgestimmt, ob eine Eintagesfahrt oder eine Zweitagesfahrt durchgeführt wird. 128 männliche und 172 weibliche Schüler haben sich für die Eintagesfahrt ausgesprochen, während 102 männliche und 138 weibliche Schüler die Zweitagesfahrt bevorzugen würden.

Zunächst empfiehlt sich ein Test auf Abhängigkeit der Merkmale. Dazu erstellen wir eine Kreuztabelle und tragen die Umfrageergebnisse in die Tabelle ein.

Kontingenztafel *(Kreuztabelle)*	Zweiwegtafel im Fall qualitativer Merkmale, auch bei mehr als zwei qualitativen Merkmalen. *DIN 55 350 Teil 23*

Tabelle:

	Eintagesfahrt	Zweitagesfahrt	Summe
Männlich	128	102	230
Weiblich	172	138	310
Summe	300	240	540

Zeilen und Spalten, die mit einem Pfeil gekennzeichnet sind, werden als „Randverteilung" bezeichnet.

Randverteilung	Häufigkeitsverteilung einer Teilmenge von $k_1 < k$ Merkmalen zu einer (mehrdimensionalen) Häufigkeitsverteilung von k Merkmalen (z.B. gibt es bei einer zweidimensionalen Häufigkeitsverteilung [k=2] von zwei Merkmalen X und Y die jeweils eindimensionale Randverteilung von X und Y). *DIN 55 350 Teil 23*

Danach werden die bedingten Verteilungen der relativen Häufigkeiten für X (=Geschlecht) und Y (=Tagesfahrt) berechnet, indem die Merkmalswerte der Umfrageergebnisse durch die zugehörigen Randverteilungen dividiert werden. Sind die Werte gleich, gibt es keine Abhängigkeit.

Bedingte Verteilung	Häufigkeitsverteilung einer Teilmenge von $k_1 < k$ Merkmalen zu einer (mehrdimensionalen) Häufigkeitsverteilung von k Merkmalen bei gegebenen Werten der anderen k - k_1 Merkmale (z.B. gibt es bei einer zweidimensionalen Häufigkeitsverteilung [k=2] von zwei Merkmalen X und Y die jeweils eindimensionale bedingte Häufigkeitsverteilung von X und Y). *DIN 55 350 Teil 23*

Bedingte Verteilung von „Geschlecht"

	Eintagesfahrt	Zweitagesfahrt
Männlich	128/230=0,55	102/230=0,45
Weiblich	172/310=0,55	138/310=0,45

Bedingte Verteilung von „Tagesfahrt"

	Eintagesfahrt	Zweitagesfahrt
Männlich	0,43=128/300	0,43
Weiblich	0,57	0,57

Ergebnis: Die bedingten Verteilungen für „Geschlecht" (bzw. für „Tagesfahrt") hängen **nicht** davon ab, welche Ausprägung das jeweils andere

Merkmal annimmt. „Geschlecht" und „Tagesfahrt" sind voneinander unabhängig.

Beispiel: Angenommen, es würde in einer Schule mit 540 Schülerinnen
und Schüler darüber abgestimmt, ob eine Eintagesfahrt oder eine Zweitagesfahrt durchgeführt wird. 140 männliche und 160 weibliche Schüler haben sich für die Eintagesfahrt ausgesprochen, während 90 männliche und
150 weibliche Schüler die Zweitagesfahrt bevorzugen würden.
Wieder erstellen wir eine **Kreuztabelle** und tragen die Werte dort ein:

Tabelle:

	Eintagesfahrt	Zweitagesfahrt	Summe
Männlich	140	90	230
Weiblich	160	150	310
Summe	300	240	540

Bedingte Verteilung von „Geschlecht":

	Eintagesfahrt	Zweitagesfahrt
Männlich	0,61	0,39
Weiblich	0,52	0,48

Bedingte Verteilung von „Tagesfahrt":

	Eintagesfahrt	Zweitagesfahrt
Männlich	0,47	0,38
Weiblich	0,53	0,62

Prüfung auf Abhängigkeit ergibt:

Die bedingten Verteilungen für „Geschlecht" (bzw. für „Tagesfahrt") hängen davon ab, welche Ausprägung das jeweils andere Merkmal annimmt. „Geschlecht" und „Tagesfahrt" sind voneinander abhängig.

Jetzt wissen wir, dass die Merkmalswerte voneinander abhängen. Wie stark diese Abhängigkeit ist, vermittelt uns zum Beispiel der Kontingenzkoeffizient nach Pearson.

27. Kontingenzkoeffizient nach Pearson

Zur Berechnung der „Enge des Zusammenhanges" gibt es eine Auswahl von möglichen Kontingenzkoeffizienten. Allen gemeinsam ist, dass ein χ^2 (sprich: Chi-Quadrat) als Hilfsgröße berechnet werden muss. χ^2.ist ein Maß für die Verteilungseigenschaften einer statistischen Grundgesamtheit. Ohne Bedenken des Autors legen wir uns auf den Kontingenzkoeffizient C nach Pearson fest.

$$C = \sqrt{\frac{\chi^2}{\chi^2 + n}} \qquad (33)$$

n = Anzahl der Merkmalswerte in der betrachteten Grundgesamtheit.

χ^2 kann aus den Merkmalswerten mit folgender Beziehung bestimmt werden:

$$\chi^2 = \sum_{i=1}^{r} \sum_{j=1}^{c} \frac{\left(n_{ijemp} - n_{ijth}\right)^2}{n_{ijth}} \qquad (34)$$

r = Anzahl der Zeilen (row); c = Anzahl der Spalten (column)

Zur Berechnung von χ^2 müssen die Werte für n_{emp} (emp = empirisch) und n_{th} (th = theoretisch) bekannt sein.

Die empirischen Merkmalswerte sind die aus Umfragen, Experimenten etc. ermittelten und damit vorliegenden Werte. Die zugehörigen theoretischen Werte müssen berechnet werden.

Berechnung von χ^2 (Formel 34) aus Tabelle 3:

Zur Berechnung der theoretischen (unabhängigen) Werte n_{ijth} werden die zum jeweiligen Merkmal gehörenden Randverteilungen miteinander multipliziert und durch die Gesamtsumme dividiert:

Der männliche Anteil der befragten Schüler ist durch das Verhältnis $\dfrac{230}{540}$ gegeben. 300 Schüler bevorzugen die Eintagesreise. Damit ist der theoretische Anteil der männlichen Schüler, die eine Eintagesreise bevorzugen, durch das Verhältnis $\dfrac{230}{540} \cdot 300 = n_{11th}$ gegeben.

Analog geht man bei den drei anderen theoretischen Werten vor und erhält:

$n_{11th} = 127,8$

$n_{12th} = 102,2$

$n_{21th} = 172,2$

$n_{22th} = 137,8$

Alle benötigten Werte sind nun bekannt, so dass wir χ^2 berechnet können.

$$\chi^2 = \frac{(n_{11emp} - n_{11th})^2}{n_{11th}} + \frac{(n_{12emp} - n_{12th})^2}{n_{12th}} + \frac{(n_{21emp} - n_{21th})^2}{n_{21th}} + \frac{(n_{22emp} - n_{22th})^2}{n_{22th}}$$

$$\chi^2 = \frac{(140 - 127,8)^2}{127,8} + \frac{(90 - 102,2)^2}{102,2} + \frac{(160 - 172,2)^2}{172,2} + \frac{(150 - 137,8)^2}{137,8} = 4,56$$

Chi-Quadrat (χ^2) ist ein Maß dafür, wie stark die beobachtete Verteilung von der sich bei Unabhängigkeit ergebenden abweicht. Da χ^2 jedoch linear von n abhängt, erhält man bei gleicher Art von Abhängigkeit unterschiedlich große Werte von χ^2, die folglich nicht vergleichbar sind. Daher wird χ^2

zur Berechnung des Kontingenzkoeffizienten C nach Pearson weiterverwendet:

$$C = \sqrt{\frac{4{,}56}{4{,}56 + 540}} = 0{,}092, \quad 0 \leq C < 1.$$

Für unabhängige Merkmale ist $C = 0$ (weil $\chi^2 = 0$ ist). Andererseits ist $C < 1$, weil der Zähler des Bruches unter der Wurzel immer kleiner ist als der Nenner. Der Kontingenzkoeffizient C hängt noch von der Dimension der betrachteten Kontingenztafel ab (Anzahl der Merkmalsausprägungen). Um eine Vergleichbarkeit mit Ergebnissen unterschiedlicher Dimensionen von Merkmalsausprägungen zu erreichen und eine definierte Obergrenze zu erhalten, idealerweise 1, wird der Wert für C mit einem Faktor C_{min} korrigiert:

$$C_{corr} = C * C_{min}, \text{ mit} \tag{35}$$

$$C_{min} = \sqrt{\frac{\min(r;c)}{\min(r;c) - 1}} \tag{36}$$

Da die Anzahl der Zeilen = Anzahl der Spalten = 2 ist, ist der Korrekturfaktor einfach zu berechnen (sind r und c ungleich wird der *kleinere* Wert verwendet):

$$C_{min} = \sqrt{\frac{2}{2-1}} = 1{,}414$$

Damit ergibt sich

$$C_{corr} = C * 1{,}414 = \mathbf{0{,}13}, \quad 0 \leq C_{corr} \leq 1$$

Nun ist die Frage geklärt, wie stark der mathematische Zusammenhang ist. Ob dieser Zusammenhang allerdings systematisch ist und signifikant, diese Frage muss noch beantwortet werden.

28. Der Signifikanztest

Frage: *Gibt es einen systematischen Zusammenhang zwischen der Entscheidung, eine Eintagesfahrt oder eine Zweitagesfahrt zu veranstalten, und dem Geschlecht der Schüler?*

Unter Verwendung des o.a. Beispiels geht man zur Klärung der Frage systematisch vor:

Zunächst wird eine Hypothese, die „Nullhypothese", aufgestellt. Die Nullhypothese wird immer negativ formuliert und lautet für das obige Beispiel:

Nullhypothese:

H_0 = Es gibt keinen Zusammenhang zwischen Geschlecht und der Entscheidung für eine der beiden Tagesfahrten.

Alternativhypothese:

H_1 = Es gibt einen Zusammenhang zwischen Geschlecht und Reisewunsch.

Die Alternativhypothese tritt in Kraft, wenn die Nullhypothese verworfen werden kann.

Nun muss festgelegt werden, auf welchem *Signifikanzniveau* die Aussage getroffen werden soll (wie <u>bedeutsam</u> der Zusammenhang ist). In der Literatur übliche Signifikanzniveaus sind 1%, 5% und 10%. Für dieses Beispiel wählen wir ein 5 %iges Signifikanzniveau, also eine 95%ige Wahrscheinlichkeit dafür, dass unsere Hypothese wahr ist.

Welche der beiden Hypothesen zu verwenden ist, wird mit einer Entscheidungsregel entschieden.

Die **Entscheidungsregel** lautet: Wenn ein theoretisch vorgegebenes $\chi^2_{f,1-\alpha}$ kleiner ist als das berechnete χ^2, dann ist die Nullhypothese zu verwerfen und es gilt die Alternativhypothese H_1.

Entscheidungsregel:

$$\chi^2 > \chi^2_{f,1-\alpha} \Rightarrow H_0 \text{ verwerfen} \tag{37}$$

Zur Verwendung der tabellierten Ergebnisse der Berechnung von $\chi^2_{f,1-\alpha}$ ist die Kenntnis der Zahl der **Freiheitsgrade** f vonnöten.

Die Anzahl der Freiheitsgrade des Problems lässt sich mittels nachfolgender Formel einfach berechnen:

Freiheitsgrad:

$$f = (c - 1) * (r - 1) \tag{38}$$

c = Anzahl der Spalten und r = Anzahl der Zeilen.

Für eine 2x2 – Matrix ergibt sich: $f = 1$.

Somit ergibt sich der Tabellenwert für $\chi^2_{f,1-\alpha}$ zu 3,84. Daraus folgt:

$$\chi^2 = 4{,}56 > \chi^2_{f,1-\alpha} = 3{,}84 \Rightarrow H_0 \text{ ist zu verwerfen.}$$

Es gilt die Alternativhypothese H_1: Es gibt einen signifikanten Zusammenhang.

Der Kontingenzkoeffizienten nach Pearson, den wir weiter oben berechnet haben, ist ein Maß für die Stärke des Zusammenhangs. Er ergab sich weiter oben zu $C_{corr} = 0,13$ und ist damit eher zu vernachlässigen.

Fazit: Es gibt auf einem 5%-Niveau einen signifikanten Zusammenhang zwischen der Entscheidung für die Ein- oder Zweitagesfahrt und dem Geschlecht der Befragten. Die Stärke des Zusammenhanges ist jedoch gering.

29. Die Benford-Analyse und der Chi-Quadrat-Test.

Der Physiker Frank Benford, und noch früher, aber unbeachtet, der Mathematiker Simon Newcomb, haben eine erstaunliche Feststellung gemacht: Die Verteilung, oder auch die Häufigkeit der Positionen der Ziffern eines Rechnungsbetrages sind nicht gleich- verteilt, sondern logarithmisch verteilt! Erst die Logarithmen der Zahlen sind gleichverteilt.

Beispiel: Auf Rechnungen kommt die Ziffer 1 an erster Stelle des Betrages viel häufiger vor als die Ziffer 2, während die Ziffer 3 wiederum nicht so häufig vorkommt wie die Ziffern 1 oder 2.

Auch wenn sich diese Erkenntnis ein wenig anhört wie die „Bistromathik" des Herrn Douglas Adams („Per Anhalter durch die Galaxis"), oder, noch schlimmer, Folgerungen aus „Querzeit[4]" des Autoren Uwe R. Frank, belegen Untersuchungen von *Pinkham* und *Hill* den Wahrheitsgehalt, allerdings unter weiter unten näher erläuterten Voraussetzungen.

Wie lässt sich diese Verteilung plausibel machen? Angenommen, man würde einen Betrag von 100€ zu einem jährlichen Zinssatz von 10% anlegen können. Dann würde man nach einen Jahr 110€ sein Eigen nennen können und nach 2 Jahren 121€. Erst nach 8 Jahren wechselt die erste Ziffer auf die 2, nach weiteren 4 Jahren wechselt sie auf die 3, nach weiteren 3 Jahren auf die 4 usw. Der Wechsel auf die nächst größere Ziffer erfolgt

---

[4] (Frank, 2012)

immer schneller. Genauer gesagt folgt der Wechsel annähernd einer Benford-Verteilung.

Aufgabe:

- Was ist eine Benford-Verteilung und warum ist sie für einen Prüfer von Vorteil?

Anwendung im Prüfungswesen

Prüfer haben die Aufgabe, herauszufinden, ob betrogen wurde oder nicht. Betrüger scheinen die Eigenschaft zu haben, Rechnungen individuell zu erstellen. Es scheint Vorlieben und Abneigungen für bestimmte Ziffern zu geben. Jedenfalls sind die Ziffern vieler Rechnungen nicht benfordverteilt. Gelingt es folglich, einen signifikanten Unterschied zwischen der Ziffernverteilung der eingereichten Rechnungen und der Benford-Verteilung zu finden, hätte man mittels der Statistik einen Hinweis darauf, *dass möglicherweise* Betrug im Spiel ist.

Benford-verteilte Datensätze besitzen folgende Eigenschaften:

- Sie dürfen keine sprechenden Schlüssel (z.B. Versicherungsnummern) besitzen, dürfen nicht zu Identifikationszwecken zugeordnet (Kontonummern) und müssen untereinander unabhängig sein.
- Kleinere Datenwerte treten häufiger auf als große.
- Es dürfen keine festgelegten Grenzwerte oder Sockelbeträge auftreten, weil sonst Häufungen um diesen Wert zu erwarten sind.
- Im Datensatz dürfen keine periodisch wiederkehrende Daten (Miete etc.) enthalten sein.

- Die Daten sollten nicht aus anderen Datensätzen aggregiert sein (Mittelwert).
- Innerhalb des Datensatzes dürfen nur gleiche Einheiten verwendet werden (nicht Euro und Dollar gemischt).
- Mit Benford-verteilten Datensätzen können folgende Tests durchgeführt werden:

Test der *ersten, zweiten*, der *ersten zwei*, der *ersten drei* und der *letzten beiden Stellen.*

Beispielanwendung für die erste Ziffer.

Die Wahrscheinlichkeit für die erste Ziffer ist in der Benford-Verteilung gegeben durch:

$$P(D_1=d_1) = \log_{10}(1+1/d_1) \tag{39}$$

Untersuchen wir den Fall, dass die erste Ziffer eine 1 ist.

$$P(D_1=1) = \log_{10}(1+1/1) = \log_{10}(2) = 0{,}301$$

Für die Ziffer 2 an erster Stelle würden wir erhalten:

$$P(D_1=2) = \log_{10}(1+1/2) = \log_{10}(1{,}5) = 0{,}176$$

Auf diese Weise erhalten wir für das Auftreten der Ziffern 1-9 an erster Stelle die folgenden Benford-Wahrscheinlichkeiten:

Tabelle

Ziffer	1	2	3	4	5	6	7	8	9
Benford	0,301	0,176	0,1249	0,0969	0,0792	0,0669	0,058	0,0512	0,0458
Rechnung	0,279	0,165	0,133	0,094	0,087	0,072	0,071	0,043	0,056

Die Zeile mit der Bezeichnung „Rechnung" stellt das Ergebnis einer Auswertung von über 2000 Rechnungen dar. Ermittelt wurde die mittlere Häufigkeit des Auftretens der Ziffern 1-9 an erster Stelle in den Rechnungen. Angewendet auf das praktische Beispiel, in dem 2786 Rechnungen ausgewertet wurden, erhalten wir die folgenden absoluten Häufigkeiten für die Ziffern 1-9 an erster Stelle:

Tabelle

Ziffer	1	2	3	4	5	6	7	8	9
Benford	839	491	348	270	221	187	162	143	128
Rechnung	776	461	370	262	242	201	197	121	156

Vergleichen wir nun das Auftreten der Häufigkeiten in den Rechnungsbeträgen mit der obigen Auflistung, erkennen wir Unterschiede. Unterschiede zwischen Theorie und Praxis gibt es immer. Geprüft werden muss, ob diese Unterschiede eine Signifikanz besitzen, also größer sind, als es der statistische Fehler vorgibt. Dazu wird häufig der Pearsonsche χ^2 – Test (sprich: Chi-Quadrat-Test) verwendet. Dieser Test ermittelt die Unterschiede von empirisch ermittelten Daten (zum Beispiel der Häufigkeit des Auftretens der Ziffer 1 an erster Stelle des Rechnungsbetrages) von der erwarteten Häufigkeit (hier der Benford-Häufigkeit) und normiert sie auf die theoretisch zu erwartenden Werte.

$$\chi^2 = \sum_{j=1}^{9} \frac{(n_{jempirisch} - n_{jtheoretisch})^2}{n_{jtheoretisch}} \tag{40}$$

Zur Berechnung von χ^2 müssen die Werte für $n_{empirisch}$ und $n_{theoretisch}$ bekannt sein.

Die empirischen Merkmalswerte werden Zeile 3 der letzten Tabelle entnommen, die zugehörigen theoretischen Werte aus Zeile 2 der Tabelle.

Aufgabe:

Berechnen Sie $\chi^2 = \sum_{j=1}^{9} \frac{(n_{jempirisch} - n_{jtheoretisch})^2}{n_{jtheoretisch}}$ mit den Werten aus der Tabelle.

Lösung: $\chi^2 = 28{,}685$

Würden die untersuchten Rechnungen exakt einer Benford-Verteilung entsprechen, wäre $\chi^2 = 0$. Was bedeutet nun $\chi^2 = 28{,}685$? Ist der Wert signifikant? Oder anders ausgedrückt: Liegt ein versuchter Betrug vor?

Zur Beantwortung dieser Frage muss der Prüfer überlegen, mit welchem Irrtumsrisiko er diese Entscheidung fällen will. Üblich ist in der Statistik, dass mit 5% Irrtumswahrscheinlichkeit gerechnet wird. Wir müssen also einen kritischen theoretischen χ^2_{th} Wert finden der besagt, bei welchem Wert von χ^2 mit einer Irrtumswahrscheinlichkeit von 5% die Abweichung so groß ist, dass sie nicht mehr durch den statistischen Fehler erklärt werden kann.

Gut für uns ist, dass die theoretischen χ^2_{th} - Werte in der Literatur gut bekannt und für jedes Irrtumsrisiko tabellarisch nachschlagbar sind. Wir finden ein $\chi^2_{f,th}$ für eine Irrtumswahrscheinlichkeit von 5% (bei n-1 Freiheitsgraden) aus der Tabelle im Anhang: $\chi^2_{f,th} = 15,507$

Dieser theoretische Wert ist kleiner als der gefundene, so dass gefolgert werden muss, dass mit einer Irrtumswahrscheinlichkeit von 5% oder mit einer Wahrscheinlichkeit von 95% die geprüften Rechnungen keiner Benford-Verteilung folgt.

Achtung: Das bedeutet noch lange nicht, dass ein versuchter Betrug vorliegt!!! Es bietet nur einen Ansatz für tiefergehende Prüfungen.

30. Bestimmung des Stichprobenumfangs[5]

Ein weiteres häufig gestelltes Problem, zum Beispiel bei Steuerprüfungen, ist die Bestimmung des Stichprobenumfangs „n": Wie viele Rechnungen müssen geprüft werden, oder anders ausgedrückt, wie groß muss eine Stichprobe bei einer bestimmbaren Größe der Grundgesamtheit sein, damit sie als repräsentativ gelten kann? Die Formel für die Bestimmung des Stichprobenumfangs lautet:

$$\text{Stichprobenumfang} \quad n = \frac{t^2 * N * P * (1-P)}{t^2 * P * (1-P) + (N-1) * e^2} \quad (41)$$

e = zulässiger Fehler oder Signifikanztoleranz. Angenommen, wir würden einen Fehler von 5% zulassen. Dies bedeutet, dass die Stichprobe einen Umfang hat, der mit 95% Wahrscheinlichkeit repräsentativ für die Grundgesamtheit ist.

t = Sicherheitsgradfaktor „1,96" beim Sicherheitsgrad von 95%, „2,575" beim Sicherheitsgrad von 1% (Normalverteilung; Stichprobenumfang größer n=30)

P = voraussichtlicher Anteil des häufigsten Merkmalswertes (im Zweifelsfall 50%; ergibt größten Stichprobenumfang).

N = Größe Grundgesamtheit

Diese Formel lässt sich für N→∞,, etwas „handlicher" gestalten:

$$n = \frac{t^2 * N * P * (1-P)}{t^2 * P * (1-P) + (N-1) * e^2} = \frac{\frac{1}{N}}{\frac{1}{N}} \left(\frac{t^2 * N * P * (1-P)}{t^2 * P * (1-P) + (N-1) * e^2} \right)$$

---

[5] (Frank Gloystein, 2011)

$$= \frac{t^2 * P * (1-P)}{t^2 * P * (1-P)\frac{1}{N} + (1-\frac{1}{N}) * e^2} \ ; \text{Dann der Grenzübergang N}\rightarrow\infty:$$

$$n = \frac{t^2 * P * (1-P)}{e^2} \tag{42}$$

Für „Große N" hängt der Stichprobenumfang nur noch von t, P und e ab.

Da P (die Wahrscheinlichkeit für das Auftreten des häufigsten Wertes) in der Regel unbekannt ist, nach „oben" jedoch durch $P = 0{,}5$ abgeschätzt werden kann, folgt die sehr einfache obere Abschätzung für den Probenumfang:

$$n = \frac{t^2 * 0{,}25}{e^2} \text{ bzw. } n = \frac{t^2}{(2*e)^2} \tag{43}$$

Beispiel:

Eine größere Firma soll geprüft werden. Die Anzahl der Belege sei „sehr groß".

Frage: Wie viele Belege (n) müssen geprüft werden, damit mit einem zulässigen Fehler von 5% und einem Sicherheitsgrad von jeweils 95% keine Unregelmäßigkeiten übersehen werden? Geben Sie eine obere Abschätzung für den Probenumfang an.

Lösung: Für einen zulässigen Fehler von 5% schreiben wir e = 0,05. Dem Anhang entnehmen wir: t = 1,96 für einen Sicherheitsgrad von 95%. Eingesetzt in die Formel „obere Abschätzung für den Probenumfang" erhalten wir:

$$n = \frac{t^2 * 0{,}25}{e^2} = \frac{1{,}96^2 * 0{,}25}{0{,}05^2} = \frac{3{,}8416 * 0{,}25}{0{,}0025} = 384{,}16, \text{ aufgerundet: } \mathbf{385}.$$

Vergleichen wir diesen Wert mit dem aus Tabelle „Minimale repräsentative Stichprobengrößen" im Anhang, erkennen wir, dass unter „Anzahl der Belege" eine Zahl größer 1.000.000 verstanden wird.

Allerdings sehen wir auch, dass die Zahl der zu prüfenden Belege, bei gleicher Genauigkeit, nur minimal geringer ist. Für den Fall, dass nur 5.000 Belege vorliegen, müsste die Stichprobengröße **357** Belege umfassen.

31. Der Bericht

Nachdem nun alle Berechnungen fertig gestellt sind, fehlt nur noch die angemessene Präsentation der aufbereiteten Daten. Für den schriftlichen Bericht bietet sich die folgende Gliederung an:

> **Gliederung eines Arbeitsberichtes**
> * Problem
> * Methode
> * Ergebnisse

Für die Darstellung der Ergebnisse in dem Bericht sind die wesentlichen Erkenntnisse nach inhaltlichen Gesichtspunkten zu ordnen. Eine rein mechanische Wiedergabe der erhobenen Daten ist nicht nur unübersichtlich, sondern hat wegen der fehlenden Struktur auch keinen zusätzlichen Informationswert. Die bedeutsamen Ergebnisse müssen dagegen in übersichtlicher Form (Tabellen, Grafiken) und in allen Einzelheiten dargestellt werden. Nur so ist eine darauf aufbauende Interpretation lückenlos nachvollziehbar. Bei der Darstellung von Tabellen muss auf die vollständige Beschriftung der Kopfzeile sowie der Vorspalte geachtet werden. Die Tabellenüberschrift soll prägnant sein. In einer Unterüberschrift oder in einer Fußnote müssen die notwendigen Daten zum sachlichen, räumlichen und zeitgleichen Geltungsbereich enthalten sein. Für Grafiken und Schaubilder gelten entsprechende Forderungen, d.h. alle Achsen und Kurven, Flächen oder Sektoren müssen eindeutig beschriftet sein (vgl. DIN 55 301). Positive Gestaltungsbeispiele bieten die Veröffentlichungen des Statistischen Bundesamtes.

In der Diskussion der Ergebnisse ist eine Konzentration auf den wesentlichen Erkenntnisgewinn vorzunehmen. Zu erläutern sind insbesondere die

Folgerungen, die aus diesen Erkenntnissen gezogen werden können (zum Beispiel Produkt- oder Leistungsverbesserung, Verfahrensoptimierung, Verbesserung der Arbeits- und Lebensbedingungen). Besonders kritisch zu betrachten ist die Frage der Übertragbarkeit der gewonnenen Ergebnisse. Die zumeist begrenzten Untersuchungsmöglichkeiten schränken in der Regel auch den Übertragungsbereich merklich ein.

Für die Diskussion der gewonnenen Ergebnisse in einem Seminar ist neben einer wirkungsvollen mündlichen Präsentation (unter Benutzung geeigneter Medien und mit konkreten Beispielen) eine schriftliche Zusammenfassung der wichtigsten Ergebnisse hilfreich. Aus Gründen der Übersichtlichkeit und der Konzentration auf das Wesentliche ist eine thematisch strukturierte Folge der Kernergebnisse bzw. von Thesen zweckmäßig. Diese Darstellung sollte den Umfang einer DIN A 4 Seite möglichst nicht überschreiten.

32. Anhang

Anhang 1: Stichprobe aus Grundgesamtheit mit m Merkmalswerten.

Wenn die Zahl der Merkmalswerte groß ist (und das ist häufig der Fall), werden repräsentative Stichproben aus der Grundgesamtheit gezogen. Stellt sich hier die Frage, wie groß die Abweichungen zwischen dem aus der Stichprobe ermittelten Mittelwert µ und dem Mittelwert $\bar{x}$, der sich aus der Grundgesamtheit ergeben hätte, sind. Anders formuliert: in welchen Grenzen verläuft µ?

Die Antwort ergibt sich mit Hilfe der Normalverteilung, auch „Gaußverteilung" genannt. Eine Normalverteilung ist die Wahrscheinlichkeitsverteilung einer (stetigen) Variablen x mit der Wahrscheinlichkeitsdichte g(x).

$$g(x) = \frac{1}{\sigma.\sqrt{2\pi}} e^{\frac{1}{2}(\frac{x-\mu}{\sigma})^2} \quad \text{mit } -\infty < x < \infty \tag{44}$$

wobei σ die Standardabweichung und µ den Erwartungswert der Variablen bezeichnen.

Ausgehend von der Dichteverteilung g(x) der Normalverteilung ergibt sich die Standardverteilung, wenn die Parameter σ = 1 und µ = 0 gewählt werden:

$$g(x) = \frac{1}{\sqrt{2\pi}} e^{\frac{1}{2}(x)^2} \quad \text{mit } -\infty < x < \infty \tag{44a}$$

Üblicherweise wird die Standardverteilung für x = 0 auf g(0) = 1 normiert:

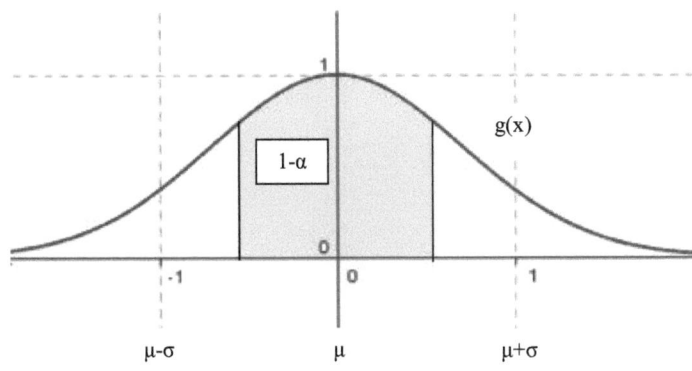

Tabelliert ergibt sich:

Bereich	Anzahl der Merkmalswerte (gelb)
$\mu \pm 1\ \sigma$	68,27%
$\mu \pm 2\ \sigma$	95,45 %
$\mu \pm 3\ \sigma$	99,73 %

95 % der Merkmalswerte liegen im Bereich $\mu \pm 1,96\ \sigma$

99 % der Merkmalswerte liegen im Bereich $\mu \pm 2,58\ \sigma$

Schön zu sehen ist, dass umso mehr Merkmalswerte in den „gelb unterlegten Bereich" passen, je breiter er ist bzw. je größer der Bereich um μ herum gewählt wird.

Die Kennwerte $\bar{x}$ und s der Stichprobe vom Umfang n dienen als <u>Schätzwerte</u> für die entsprechenden Parameter Erwartungswert μ und Standardabweichung σ. Wird das Konfidenzintervall $1-\alpha$ festgelegt (z.B. auf 95%), dann liegt der wahre Wert des Parameters in $(1-\alpha)$ Fällen innerhalb des Konfidenzintervalls einschließlich der Konfidenzgrenzen.

Das Konfidenzintervall hat bei 2-seitiger Abgrenzung die Weite 2 W:

$$\bar{x} - W \leq \mu \leq \bar{x} + W, \text{wobei } W = t_{f,1-\frac{\alpha}{2}} \cdot \frac{s}{\sqrt{n}}, f = n - 2 \qquad (45)$$

f = Freiheitsgrad

t = Wert aus t-Verteilung für f Freiheitsgrade auf dem Konfidenzniveau 1-α und 2-seitiger Abgrenzung aus nachfolgender Tabelle:

Beispiel:

In einer Universität soll ein neuer Hörsaal gebaut werden. Um die Sitzreihenabstände optimal zu gestalten, soll eine Umfrage in allen Hochschulen stattfinden um die mittlere Größe der männlichen Studenten herauszufinden (in der Regel sind Männer größer als Frauen, so dass es ausreichend erschien, nur die Männer zu befragen). Eine Vollerhebung war nicht möglich, so dass eine repräsentative Stichprobe gewählt wurde.

Befragt werden n = 20 Personen. Es ergibt sich eine mittlere Größe der Studenten $\bar{x}$ = 1,77m. Die zugehörige Standardabweichung beträgt s = 0,1 m.

Frage: Wie groß sind die maximal zu erwartenden Abweichungen vom Mittelwert μ, legt man ein Vertrauensniveau (1-α) von 95 % zugrunde?

Lösung:

Wir identifizieren: f = n – 2 = 18; t $\approx$ 2,1 (aus Tabelle)

$$W = t_{f,1-\frac{\alpha}{2}} \cdot \frac{s}{\sqrt{n}} = 2,1 * \frac{0,1}{4,47} = 0,05 \text{m}$$

Aus $\bar{x} - W \leq \mu \geq \bar{x} + W$ folgt: $1,77 - 0,05m \leq \mu \leq 1,77 + 0,05m$, also: $1,72$ m $\leq \mu \leq 1,82$ m

Mit einer Wahrscheinlichkeit von 95 % liegt die mittlere Körpergröße männlicher Studenten zwischen 1,72 m und 1,82 m.

Anhang 2: Tabelle: Weitere Normblätter

Stochastik	Teil 1: Wahrscheinlichkeitstheorie; gemeinsame Grundbegriffe der mathematischen und der beschreibenden Statistik, Begriffe und Zeichen. DIN 13 303 - 1: 1982-05
Stochastik	Teil 2: Mathematische Statistik, Begriffe und Zeichen. DIN 13 303 – 2: 1982-11
Statistische Auswertungen	Teil 1: Messbare (kontinuierliche) Merkmale. DIN 53 804 – 1: 1981-09
Statistische Auswertungen	Teil 2: Zählbare (diskrete) Merkmale. DIN 53 804 – 2: 1985-03
Statistische Auswertungen	Teil 2: Ordinalmerkmale. DIN 53 804 – 3: 1982-01
Gestaltung statistischer Tab.	DIN 55 301: 1978-09
Statistische Auswertungsverfahren	Blatt 1: Häufigkeitsverteilung, Mittelwert und Streuung, Grundbegriffe und allgemeine Rechenverfahren. DIN 55 302 – 1: 1970-11
Statistische Auswertungsverfahren	Blatt 2: Häufigkeitsverteilung, Mittelwert und Streuung, Rechenverfahren in Sonderfällen. DIN 55 302: 1967-01
Qualitätsmanagement und Statistik	Teil 11: Begriffe des Qualitätsmanagements. DIN 55 350 -11: 1995-08
Qualitätssicherung und Statistik	Teil 12: Merkmalsbezogene Begriffe. DIN 55 350 -12: 1989-03
Qualitätssicherung und Statistik	Teil 13: Begriffe zur Genauigkeit von Ermittlungsverfahren und Ermittlungsergebnissen. DIN 55 350 -13: 1987-07
Qualitätssicherung und Statistik	Teil 14: Begriffe der Probenahme. DIN 55 350 – 14: 1985-12
Qualitätssicherung und Statistik	Teil 21: Begriffe der Statistik, Zufallsgrößen und Wahrscheinlichkeitsverteilungen. DIN 55 350 – 21: 1982-05
Qualitätssicherung und Statistik	Teil 22: Begriffe der Statistik, spezielle Wahrscheinlichkeitsverteilungen. DIN 55 350 – 22: 1987-02
Qualitätssicherung und Statistik	Teil 23: Begriffe der Statistik, Beschreibende Statistik. DIN 55 350 – 23: 1983-04
Statistischer Test	Verfahren, um zwischen einer Nullhypothese H0 und einer Alternativhypothese H1 zu unterscheiden - DIN 13303 Teil 2
Hypothese	Eine noch unbewiesene Aussage (Vermutung) über den wahren Wert einer Größe .- DIN 13303 Teil 2
Nullhypothese	Hypothese der Art „es besteht kein Zusammenhang" DIN 13303 Teil 2
Alternativhypothese	Negation der Nullhypothese
Fehler erster Art	Die Nullhypothese wird verworfen, obwohl sie richtig ist.
Signifikanzniveau	α, obere Schranke für die Wahrscheinlichkeit des Fehlers erster Art
Konfidenzniveau	$1 - \alpha$, auch: Vertrauensniveau
Fehler zweiter Art	Die Nullhypothese wird nicht verworfen, obwohl sie falsch ist DIN 13303 Teil 2
Wahrscheinlichkeitsverteilung	Eine Funktion, welche die Wahrscheinlichkeit angibt, mit der eine Zufallsvariable Werte in gegebenen Bereichen annimmt DIN 53 350 Teil 21
Parameter	Größe zur Kennzeichnung einer Wahrscheinlichkeitsverteilung DIN 53 350 Teil 21

Anhang 3:

Tabelle: t-Verteilung für f Freiheitsgrade auf dem Konfidenzniveau 1-α (2-seitige Abgrenzung)

f	$t_{f,1-\alpha}$		
	α = 1%	α = 5 %	α = 10 %
2	9,92	4,3	2,92
3	5,84	3,18	2,35
4	4,6	2,78	2,13
5	4,03	2,57	2,02
6	3,71	2,45	1.94
7	3,5	2,36	1,89
8	3,36	2,31	1,86
9	3,25	2,26	1,83
10	3,17	2,23	1,81
20	2,85	2,09	1,72
50	2,68	2,01	1,68
100	2,63	1,98	1,66
500	2,59	1,96	1,65

Die folgende Tabelle listet minimale repräsentative Stichprobengrößen bei unterschiedlich großen Grundgesamtheiten auf. Vorausgesetzt ist eine Sicherheitswahrscheinlichkeit von 95% bei einem 5% Signifikanzniveau.

Tabelle: Minimale repräsentative Stichprobengrößen

Stichprobe n	Grundgesamtheit N	in % der Grundgesamtheit
45	50	90%
63	75	84%
80	100	80%
132	200	66%
169	300	56%
218	500	44%
249	700	36%
278	1.000	28%
306	1.500	20%
323	2.000	16%
357	5.000	7%
362	6.000	6%
365	7.000	5%
367	8.000	5%
370	10.000	4%
373	12.000	3%
382	50.000	0,8%
383	70.000	0,5%
384	200.000	0,19%
385	1.000.000	0,04%
385	3.000.000	0,01%

Anhang 4: Signifikanzprüfungen

Tabelle: χ^2 – Verteilung für f Freiheitsgrade auf dem Signifikanzniveau α

Freiheitsgrad f	$\chi^2_{1-\alpha}$		
	$\alpha = 1\,\%$	$\alpha = 5\,\%$	$\alpha = 10\,\%$
1	6,63	3,84	2,71
2	9,21	5,99	4,61
3	11,34	7,81	6,25
4	13,28	9,49	7,78
5	15,09	11,07	9,24
6	16,81	12,59	10,64
7	18,48	14,07	12,02
8	20,09	15,51	13,36
9	21,67	16,92	14,68
10	23,21	18,31	15,99

Tabelle: Zufallshöchstwert von R in Abhängigkeit vom Stichprobenumfang und vom Signifikanzniveau α (einseitige Fragestellung)

n	$R \leq$		
	α = 0,5%	α = 2,5%	α = 5%
4	-	-	1,00
5	-	1,000	0,90
6	1,000	0,886	0,83
7	0,929	0,786	0,71
8	0,881	0,738	0,64
9	0,833	0,700	0,60
10	0,794	0,648	0,56
12	0,727	0,587	0,50
14	0,679	0,538	0,46
16	0,635	0,503	0,43
18	0,600	0,472	0,40
20	0,570	0,447	0,38
30	0,467	0,362	0,31
50	0,363	0,279	
70	0,307	0,235	

Anhang 5: Einführende und für dieses Skript verwendete Literatur

CLAUß, Günter; EBNER, Heinz:

- Statistik. Bd. I+II: Grundlagen der Statistik. 6. Auflage Frankfurt a. M. 1989

FRANK, Uwe

- Querzeit; esoterischer Tatsachenroman über den Ursprung des Universums und des Lebens. Epubli GmbH, Berlin 2012

FRIEDRICHS, Jürgen:

- Methoden empirischer Sozialforschung. 14. Aufl. Opladen 1990

KRÄMER, Walter:

- Statistik verstehen: Campus Verlag GmbH, 1992

SCHWARZE, Jochen: Grundlagen der Statistik I+II:

- Beschreibende Verfahren, 8. Aufl. Berlin 1998

SLIWCZUK. Uwe:

- Führungsverhalten in der öffentlichen Verwaltung und im freiberuflichen Sektor unter besonderer Berücksichtigung der Motivation von Mitarbeitern

SCHAA, GLOYSTEIN:

- Empirische Sozialforschung und Statistik. Studienheft zum Teilmodul 2.1

THEISEN, Manuel:

- Wissenschaftliches Arbeiten. 4. Aufl. München 1990

Register

Coverbild: morguefile.com